FORSCHUNGSBERICHTE DES LANDES NORDRHEIN-WESTFALEN
Nr. 2331

Herausgegeben im Auftrage des Ministerpräsidenten Heinz Kühn
vom Minister für Wissenschaft und Forschung Johannes Rau

Prof. Dr. rer. nat. Hans Gerhard Bennewitz
Dr. rer. nat. Rainer Haerten
Dipl.-phys. Odo Klais
Dr. rer. nat. Gerold Müller

Physikalisches Institut der Universität Bonn

Molekularstrahl-Experimente an zweiatomigen
Molekülen in angeregten Schwingungszuständen
Teil II: Verteilung der Schwingungsenergie
von CsF aus den chemischen Reaktionen
Cs + SF_6 und SF_4

Springer Fachmedien Wiesbaden GmbH 1973

ISBN 978-3-663-20098-7   ISBN 978-3-663-20458-9 (eBook)
DOI 10.1007/978-3-663-20458-9

© 1973 by Springer Fachmedien Wiesbaden

Ursprünglich erschienen bei Westdeutscher Verlag, Opladen 1973

Gesamtherstellung: Westdeutscher Verlag

Inhalt

1. Einleitung 5

2. Apparatur 6

   2.1 Die reaktive Molekularstrahlquelle 7

3. Das Meßverfahren 8
4. Optimalisierung des Resonanzsignals 9
5. Meßergebnisse 12

   5.1 Cs + SF_6 13
   5.2 Cs + SF_4 15
   5.3 Cs + PF_3, F_2 16

6. Deutung der Meßergebnisse 17

   6.1 Cs + SF_6 17
   6.2 Cs + SF_4 21

7. Diskussion systematischer Fehler 26
8. Zusammenfassung 28

Literaturverzeichnis 30

Abbildungen 31

1. Einleitung

Experimente mit gekreuzten Molekularstrahlen sind der direkteste Weg, Informationen über die Dynamik elementarer chemischer Reaktionen zu gewinnen. Die Messung der Aktivierungsenergie einer Reaktion, des totalen reaktiven Streuquerschnitts, der Winkelverteilung und der Translations-, Rotations- und Schwingungsenergie der Reaktionsprodukte liefert detaillierte Aussagen über die Kinematik der untersuchten Reaktion. Seit Taylor und Datz [1] 1955 die ersten erfolgreichen Molekularstrahl-Experimente an chemischen Systemen durchführten, sind eine große Zahl von elementaren chemischen Reaktionen der Art $M + XR \rightarrow MX + R$ untersucht worden [2, 3], wobei M ein Alkaliatom bedeutet und XR ein Molekül, das ein Halogenatom (X) enthält. Die Entwicklung ging hierbei aufgrund des großen experimentellen Aufwandes nur schrittweise voran. Die frühesten Experimente beschränkten sich auf die Messung der Winkelabhängigkeit der Reaktionsprodukte. Der nächste Schritt bestand darin, neben der Winkelverteilung die Translationsenergie eines Reaktanten und eines Reaktionsprodukts mithilfe von Geschwindigkeitsselektoren zu messen [4]. Danach wurde es möglich, genauere Angaben über die Rückstoßenergie, die Größe des Reaktionsquerschnitts und den Mechanismus der Reaktion zu machen. Die Ergebnisse erlaubten eine Einteilung der untersuchten Systeme in zwei verschiedene Reaktionstypen: in "Stripping-" und "Rebound-Reaktionen". Beiden Typen ist gemeinsam eine Asymmetrie der Winkelverteilung der Reaktionsprodukte im Schwerpunktsystem, sie unterscheiden sich aber in der Lage des Maximums der Produktwinkelverteilung und in der Größe des Reaktionsquerschnitts. Bei "Stripping-Reaktionen" liegt das Maximum in Richtung des einfallenden Alkalistrahls (Vorwärtsstreuung), bei "Rebound-Reaktionen" entgegen dieser Richtung (Rückwärtsstreuung). Diese Asymmetrie legt für obige Reaktionen einen "direkten" Reaktionsablauf nahe. Reaktionen, die eine Symmetrie in der Winkelverteilung der Produkte im Schwerpunktsystem zeigen, sind ebenfalls gefunden worden [5]. Hier läuft die Reaktion über einen langlebigen Zwischenkomplex ab.

Eine kinematische Analyse all dieser Reaktionen zeigt, daß nur ein kleiner Bruchteil der freiwerdenden Reaktionsexothermizität als Translationsenergie der Produkte auftritt. Die meiste Energie entfällt also auf die innere Anregung der Produkte. Der nächste Schritt der Entwicklung bestand folgerichtig in einer direkten Messung der inneren Energie: der Rotations- und der Schwingungsenergie der erzeugten Moleküle [1]). Eine mittlere Rotationsenergie kann durch Ablenkung der Reaktionsprodukte in einem inhomogenen elektrischen Feld [6] oder durch Fokussierung in einem Vierpolfeld [7] bestimmt werden.

---

1) Elektronische Anregung ist in den meisten Fällen nicht möglich.

Die Bestimmung der Schwingungsenergie ist einmal mittels Chemilumineszenz-Experimenten [8], zum anderen durch Messung des Radiofrequenzspektrums möglich. Erste Versuche mit dieser Methode wurden 1971 von Freund et al. [9] veröffentlicht.

Ist es gelungen, für eine chemische Reaktion sowohl die Anfangszustände als auch die Endzustände der beteiligten Teilchen experimentell zu bestimmen, dann sollte es auch möglich sein, die Potentialhyperfläche festzulegen, auf der die Reaktion abläuft. Heute geschieht das meistens mit klassischen Trajektorienrechnungen [10, 11]. Dabei gibt man eine dem zu untersuchenden System angemessene, durch eine Anzahl von Parametern bestimmte Potentialhyperfläche vor, zu der dann klassische Trajektorien mit Monte-Carlo-verteilten Anfangsbedingungen berechnet werden. Die Parameter der Potentialhyperfläche werden solange variiert, bis sie einen Reaktionsablauf zulassen, der in Übereinstimmung mit den experimentellen Daten ist. Je umfangreicher und vielgestaltiger das experimentelle Datenmaterial ist, umso eindeutiger läßt sich die für die Reaktion spezifische Potentialhyperfläche bestimmen.

Die im folgenden beschriebenen Experimente, die den in [9] durchgeführten ähnlich sind, haben die direkte Bestimmung der Schwingungsanregung der Reaktionsprodukte chemischer Reaktionen zum Ziel. Die experimentelle Anordnung besteht aus der Kombination der in Kap. 2 beschriebenen chemischen Molekülstrahlquelle mit einem elektrischen HF-Resonanzspektrometer.

Neben den Reaktionen $Cs + SF_6 \rightarrow CsF + SF_5$ und $Cs + SF_4 \rightarrow CsF + SF_3$, die sehr gründlich untersucht worden sind, wurden auch Versuche mit den Reaktionen $Cs + PF_3 \rightarrow CsF + PF_2$ und $Cs + F_2 \rightarrow CsF + F$ unternommen, die jedoch bisher erfolglos waren. CsF bietet sich als Reaktionsprodukt an, weil dessen HF-Spektrum nicht durch verschiedene Isotope und eine zu weit aufgespaltene Hyperfeinstruktur (Kap. 3) kompliziert wird. Zum anderen sollten obige Reaktionen einen relativ großen reaktiven Streuquerschnitt von $\gtrsim 100\ \text{Å}^2$ haben. Die Auswahl der Streupartner: SF_6, SF_4, PF_3 und F_2 ist gekennzeichnet durch eine allmähliche Reduktion der Zahl der im Gasmolekül enthaltenen Atome. Dadurch wird schrittweise der Teil an freiwerdender Energie verkleinert, der in die auftretenden Radikale SF_5, SF_3, PF_2 und F gehen kann.

2. Die Apparatur

Die bei den Experimenten dieser Arbeit benutzte Apparatur (Abb. 1) wurde in Teil I [12] ausführlich beschrieben. Die einzige Änderung zu [12] bestand darin, daß der konventionelle thermische Molekularstrahlofen durch eine reaktive Molekülstrahlquelle ersetzt wurde.

2.1 Die reaktive Molekularstrahlquelle

Zwei gekreuzte Strahlen, ein Alkali-Atomstrahl (Cs) als Primärstrahl und ein Gasstrahl (SF_6, SF_4) als Sekundärstrahl, bilden die Quelle für die Reaktionsprodukte CsF, die im Resonanzspektrometer untersucht werden sollen. Beide Strahlquellen sind über gut wärmeleitende Kupferhalterungen unter einer flüssigen N_2-Kühlfalle montiert, die über einen Faltenbalg mit dem drehbaren Flansch Fl verbunden sind (Abb. 1). Diese Anordnung erlaubt eine einwandfreie Justierung der Streuebene und des Streuzentrums auf die Spektrometerachse sowie eine reproduzierbare Einstellung des Streuwinkels Θ_{LAB}, das ist der Winkel zwischen der Richtung des Cs-Strahls und der Spektrometerachse.

Der Alkalistrahl-Ofen besteht aus zwei aus VA gefertigten Kammern: einer großräumigen Vorratskammer und einer Düsenkammer (Abb. 2). Beide Kammern werden mittels Widerstandsheizungen unabhängig voneinander geheizt. Zur Abschirmung der Wärmestrahlung ist der Ofen mit mehreren Lagen aus VA-Blech umwickelt und über drei Justierstifte in eine wassergekühlte Kupferdose eingebaut, die ihrerseits über drei zur Verminderung der Wärmeleitung dünnwandig gearbeitete Hohlstäbe mit der kalten Kupferhalterung verbunden ist.

Die Durchführung von Experimenten mit reaktiv erzeugten Molekülen setzt die Verwendung möglichst intensiver Strahlquellen für die Reaktanten voraus. Deshalb ist die Primärstrahlquelle für gasdynamischen Betrieb ausgelegt. Dazu ist es nötig, den Alkali-Dampfdruck p in der Vorratskammer des Ofens so groß zu wählen, daß die Knudsen-Zahl $Kn = \lambda/D < 1$ wird [13, 14]. λ ist die mittlere freie Weglänge der Atome im Dampf, D der Durchmesser der Düsenöffnung. Die Düse wird durch einen konvergenten Kanal in der Düsenkammer gebildet mit einer Öffnung von 0,2 mm Durchmesser. Der Kern der sich bildenden Strömung wird in einem Abstand von 20 mm von der Düsenöffnung von einem "Skimmer" ausgeblendet. Er wird gebildet von 4 rotierenden Scheiben, die in zwei Ebenen angeordnet sind und von einem Elektromotor (s. Abb. 1) mit etwa 2 Umdrehungen/min angetrieben werden. Die Scheiben schleifen auf der 77 K kalten Scheibengrundplatte. Da sie teilweise der Strahlung der ca. 750 K heißen Düse des Ofens ausgesetzt sind (alles andere ist durch eine 77-K-Blende abgeschirmt), erreichen sie im thermischen Gleichgewicht eine Temperatur von ca. 170 K und sind damit kalt genug, um den auftreffenden Alkalidampf auszufrieren. 4 Kratzer sorgen dafür, den Rand der Scheiben von ausgefrorenem Alkalimetall freizuhalten; sie verhindern so ein Zuwachsen des Blendenspaltes. Die Scheiben geben eine Fläche von 5 x 2 mm frei.

Abb. 3 zeigt die in der beschriebenen Düsenstrahl-Anordnung gemessene Intensität, bezogen auf eine Detektorfläche von 1 cm^2 in 1 m Abstand von der Düse, als Funktion von $p/\sqrt{T}$, wo p und T den Druck und die Temperatur in der Vorratskammer bedeuten. Der Kreis gibt die bei der "Ofenbedingung" Kn = 1 [15] gemessene Intensität an. Die mit einer Effusions-Quelle erreichbare Intensität ist durch die durchgezogene Linie dargestellt. Sie endet bei λ = D theoretisch im "Standardstrahl". Die Verwendung einer Düsenstrahlquelle bringt demgegenüber einen Faktor 1000 an Intensität. Die gemessene Intensität verläuft nahezu längs der gestrichelten Linie, die die Intensität einer Effusionsquelle mit verschiedener Wechselwirkung der Strahlteilchen untereinander ($\sigma \to 0$) angibt. Einige für den Meßbetrieb typische Daten sind in Tab. 1 zusammengestellt.

Tab. 1: Typische Daten für die Cs-Strahlquelle

Temperatur	Vorrat	670 K
	Düse	750 K
Druck	Vorrat	20 Torr
Durchmesser	Düse	0,2 mm
Strahlintensität, bezogen auf 1 m Abstand		ca. $5 \cdot 10^{13}$ (sec cm^2)$^{-1}$
Dichte des Strahls im Streuzentrum		ca. $1 \cdot 10^{12}$ cm^{-3}
Cs-Verbrauch		ca. 3 g/h

Der Sekundärstrahl wird erzeugt mit Hilfe einer gläsernen Vielkanaldusche [2] von 6 mm Durchmesser. Die einzelnen Kanäle sind 1 mm lang und 50 μm im Durchmesser. Die Transparenz der Dusche ist ca. 50 %. Die Dusche ist in das Ende eines Glasrohres eingeschmolzen, das auf der kalten Scheibengrundplatte befestigt ist und mit außerhalb der Vakuumapparatur befindlichen Gasbehältern verbunden ist. Eine Heizwicklung um das Glasrohr dicht oberhalb der Dusche erlaubt die Erwärmung des durchströmenden Gases auf eine Temperatur zwischen 200 und 450 K.

Der Abstand zwischen Vielkanaldusche und Streuzentrum beträgt 18 mm (Abb. 2). Der Winkel γ zwischen den Richtungen von Primär- und Sekundärstrahl ist in gewissen Grenzen variabel. Aus kinematischen Gründen wurde bei allen Experimenten $\gamma = 45°$ gewählt (s. Kap. 4). Für SF_6 und SF_4 erwies sich eine Strahldichte von ca. $2,5 \cdot 10^{13}$ cm^{-3} im Streuzentrum als zweckmäßig.

3. Das Meßverfahren

Wie bereits in [12] erwähnt, sind die Intensitäten der HF-Resonanzlinien für die verschiedenen Schwingungszustände v ein direktes Maß für die Besetzung der einzelnen Zustände. Da es im Gegensatz zu den in [12] beschriebenen Messungen zur Bestimmung der Molekülkonstanten μ_v und eq_vQ nicht mehr darauf ankommt, die Spektren in ihre Hyperfeinstruktur aufzulösen, lassen sich die Spektren wesentlich vereinfachen, indem durch geeignete Wahl der HF-Amplitude im C-Feld die Hyperfeinstruktur-Linien so stark verbreitert werden ("power broadening"), daß nur noch eine einzige Resonanzlinie pro Schwingungszustand v übrigbleibt. Deren Intensität sei im folgenden mit N_v bezeichnet. Die Trennung von benachbarten

[2] Bendix, Mosaic Fabr. Div., Sturbridge, USA

Zuständen wird durch Wahl eines genügend starken elektrischen
Gleichfeldes gewährleistet.

Die Methode der Unterdrückung der Hyperfeinstruktur vergrößert
das Signal/Rausch-Verhältnis für die einzelnen Linien beträchtlich und ermöglicht zusammen mit der großen Empfindlichkeit des Nachweissystems [12] und der hohen Ergiebigkeit der
chemischen Strahlquelle (Kap. 2) die erfolgreiche Untersuchung chemischer Reaktionen.

Das Meßverfahren ist dem in [12] beschriebenen ähnlich: Durch
Wahl eines geeigneten elektrischen Feldes $\bar{E}$ und durch Überstrahlung der Hyperfeinstruktur werden die Resonanzlinien der
verschiedenen Schwingungszustände hintereinander aufgereiht.
In der Darstellung Teilchen/Kanal gegen die Frequenz zeigt
Abb. 4 eine solche Messung für die Reaktion $Cs + SF_6 \rightarrow CsF + SF_5$. Mit der benutzten Feldstärke im C-Feld von $E = 342,86$ V/cm
lassen sich die einzelnen Schwingungszustände gut trennen.
Die maximal mögliche Frequenzmodulation von $\pm$ 5 MHz gestattet
es, die Resonanzlinien von 6 Schwingungszuständen ($v = 0$ bis
$v = 5$) gleichzeitig zu messen [3]. Jedem Kanalsprung entspricht
also eine Frequenzänderung um 100 kHz. Am Anfang und am Ende
des Spektrums wird für je 10 Kanäle keine Frequenz eingestrahlt.
Auf diese Weise erhält man die Nullinie, auf die die Linientiefen bezogen werden.

Ein Meßverfahren zur genaueren Bestimmung der Linientiefen
zeigt Abb. 5. Die in [12] beschriebene Nachweiselektronik
gestattet es, zwei frequenzmäßig weit auseinanderliegende
Resonanzlinien (in Abb. 5: $v = 0$ zu $v = 1$ und $v = 0$ zu $v = 5$)
direkt miteinander zu vergleichen durch Umschalten der Frequenz
bei Kanal 51 [4]. Es wird nur die Intensitätsspitze der Resonanzlinie in einem engen Frequenzbereich ($\pm$ 200 kHz) - und
nicht die gesamte Linie - abgetastet. Einem Kanalsprung entspricht eine Frequenzänderung von 4 kHz. Die Basislinie wird
wieder am Anfang und am Ende durch Abschalten der Frequenz
gemessen.

4. Optimalisierung des Resonanzsignals

Von entscheidender Bedeutung bei der Beurteilung des Resonanzsignals ist die Größe $S_v = \Delta v_{Res}/\sqrt{Signal}$, wo Δv_{Res} die auf
eine bestimmte Meßdauer bezogene Intensität ("Tiefe") der
Resonanzlinie für den Schwingungszustand v ist. Unter "Signal"
ist die fokussierte, auf dieselbe Meßdauer bezogene Gesamtintensität zu verstehen, die den Basislinien in Abb. 4 und 5
entspricht. Optimalisieren des Resonanzsignals heißt, S_v
möglichst groß zu machen. S_v hängt von mehreren Einflüssen ab,
die im folgenden getrennt untersucht werden:

---

3) Ein solches Spektrum sei im folgenden "Übersichtsspektrum" genannt.
4) Eine solche Messung sei in Zukunft "Relativmessung" genannt.

1. von der Einlaßrate des Sekundärgases,

2. vom Laborwinkel Θ_{LAB} unter dem das Spektrometer die reaktive Quelle sieht,

3. von der Fokussierungsspannung U an A- und B-Feld,

4. von der Amplitude der eingestrahlten HF.

1. Zur Bestimmung der optimalen Einlaßrate für das Sekundärgas wurde die Größe S_{Fok} = (Signal - Schatten) untersucht. Schatten nennt man die Teilchenzahl, die noch bei abgeschalteter Fokussierungsspannung vom Detektor angezeigt wird. Der Untergrund ist, wie schon erwähnt, vernachlässigbar. Der Schatten hat mehrere Ursachen. Einmal wird er bewirkt durch Streuung von CsF am Restgas in der Spektrometerkammer, zum anderen durch Streuung von Cs und reaktiv erzeugtem CsF am Sekundärgas in der Ofenkammer, das ebenfalls in die Spektrometerkammer gelangen und den Detektor erreichen kann. Die dominierende Ursache für einen hohen Schatten ist aber die, daß eine chemische Quelle mit ihrer ausgedehnten Reaktionszone nicht mehr punktförmig ist. Man hat es mit einem Quellvolumen zu tun, wohingegen man bei einem thermischen CsF-Ofen näherungsweise von einem Quellpunkt sprechen kann. Abb. 6 zeigt für die Reaktion $Cs + SF_6 \rightarrow CsF + SF_5$ die Größe S_{Fok} in Abhängigkeit vom Diffusgas-Druckanstieg p_{SF_6} in der Reaktionskammer für die Fokussierungsspannung [5] U = 0,95 kV und drei verschiedene Laborwinkel Θ_{LAB}. Für die Meßkurve mit $\Theta_{LAB} = 30°$ wird darüberhinaus auch der Verlauf der Schatten-Intensität angegeben. Die Kurven zeigen ausgeprägte Maxima. Bei kleinen Drücken p_{SF_6} werden nur wenige CsF-Moleküle erzeugt, d. h. das Signal ist klein. Geht man zu hohen Drücken, dann werden zwar mehr Moleküle produziert, aber die Streuung von CsF und Cs wird dominierend, so daß Signal und Schatten gleichfalls wieder abnehmen. Eine Vergrößerung des Winkels Θ_{LAB}, unter dem die Reaktionsprodukte gemessen werden, verschiebt das Maximum von S_{Fok} zu größeren Drücken p_{SF_6} hin. Dies ist einsichtig, da bei kleinen Θ_{LAB} die Wahrscheinlichkeit größer ist, daß Cs aus dem Primärstrahl schon bei niedrigen Sekundärgasdrücken in die Spektrometerkammer gestreut werden kann. Die in Abb. 6 dargestellten Beobachtungen sind unabhängig von der Fokussierungsspannung U, wie analoge Untersuchungen bei U = 5,8 kV gezeigt haben. Optimale Verhältnisse liegen demnach vor, wenn bei Laborwinkeln $\Theta_{LAB} = 10 - 25°$ und Diffusgasdrucken $p_{SF_6} = 2 - 4 \cdot 10^{-5}$ Torr gemessen wird. Alle Messungen dieser Arbeit wurden für den Streuwinkel $\Theta_{LAB} = 21°$ und bei einem Diffusgasdruck von $p_{SF_6} = 3 \cdot 10^{-5}$ Torr durchgeführt.

---

[5] A- und B-Feld haben die gleiche Spannung. U bedeutet die Spannung der Elektroden gegen Erde.

2. Die Winkelabhängigkeit der Reaktionsprodukte für die Reaktionen Cs + SF$_6$ und Cs + SF$_4$ [6] sollte ein ausgeprägtes Maximum in Vorwärtsrichtung zeigen, also bei kleinen Θ_{LAB}. Ein fokussiertes Signal sollte dieselbe Eigenschaft haben. Abb. 7 zeigt die Winkelabhängigkeit von S_{Fok} für obige beiden Reaktionen bei einer Fokussierungsspannung von U = 0,98 kV und Gasdrücken von p_{SF_6} = 2,5 $\cdot$ 10^{-5} Torr und p_{SF_4} = 3,1 $\cdot$ 10^{-5} Torr. Für beide Reaktionen steigt S_{Fok} mit kleiner werdendem Θ_{LAB} an. Bei einem ganz bestimmten kleinen Winkel fällt die Kurve abrupt ab. Dies tritt ein, wenn ein Teil des primären Cs-Strahls direkt ins Spektrometer gelangen kann. Um dies zu verdeutlichen, wurde für Cs + SF$_6$ auch der Schatten in Abb. 7 eingezeichnet; dieser steigt bei kleinen Winkeln steil an. Für die Reaktion Cs + SF$_4$ ist der Anstieg von S_{Fok} bei kleinen Winkeln Θ_{LAB} kleiner, was durch die höhere Einlaßrate erklärt werden kann. Die Ergebnisse von Absatz 1 und 2 legen es nahe, Messungen an beiden Systemen unter dem Winkel Θ_{LAB} = 21° vorzunehmen, bei dem das Verhältnis (Signal-Schatten)/Schatten ein Maximum hat (Abb. 7). Die Winkelverteilungen der fokussierten Moleküle in Abb. 7 lassen kaum einen Rückschluß auf die wirkliche Winkelverteilung zu. Dazu ist die Kinematik (γ = 45°) zu ungünstig und die Winkeldivergenzen der Reaktantenstrahlen zu groß.

3. Sämtliche in dieser Arbeit beschriebenen Messungen gehen vom Rotationszustand (1,0) der Produktmoleküle aus. Die optimale Spannung U zur Fokussierung dieses Zustandes hängt von der wahrscheinlichsten Geschwindigkeit der Moleküle ab. Diese Spannung läßt sich, wenn man auf eine Geschwindigkeitsselektion verzichtet, nur indirekt bestimmen durch Messung der Differenz ΔS_C zwischen dem fokussierten Signal S_{Fok} bei eingeschalteter Gleichspannung im C-Feld und dem entsprechenden Signal bei abgeschalteter C-Feld-Spannung. Abb. 8 zeigt diese Differenz, normiert auf S_{Fok}, als Funktion von U für thermischen CsF-Strahl und für CsF aus der Reaktion Cs + SF$_6$. Durch das Abschalten des C-Feldes entsteht zwischen den fokussierenden Feldern (A- und B-Feld) ein feldfreier Raum, der eine Durchmischung der Molekülzustände (J, m_J) bezüglich m_J zur Folge hat. Bei idealen Bedingungen sollte $\Delta S_C/S_{Fok}$ für den Zustand (1,0) 66 % betragen. Da der fokussierte Strahl auch Moleküle höherer Zustände enthält, wird dieser Wert natürlich nicht erreicht. Wie Abb. 8 zeigt, gibt es jedoch eine optimale Fokussierungsspannung, bei der $\Delta S_C/S_{Fok}$ maximal wird, Moleküle im Zustand (1,0) also den größtmöglichen Anteil im Strahl stellen.

4. Zur Bestimmung der optimalen HF-Amplitude im C-Feld wurde für thermisch erzeugtes CsF die Resonanzlinientiefe für den Schwingungszustand v = 0 bei verschiedenen Amplituden gemessen.

---

[6] Zur Winkelverteilung der Produkte aus der Reaktion Cs + SF$_4$ gibt es noch keine Literaturangaben.

Das Ergebnis zeigt Abb. 20 (Kap. 7) im Zusammenhang mit der
Behandlung systematischer Fehler. In dem zur Messung der
v = 0-Linie benötigten Frequenzbereich (bei ca. 50 MHz)
steht maximal eine HF-Amplitude von 500 mV (Spitze-Spitze)
zur Verfügung. Es zeigt sich aber, daß mit dieser Größe schon
fast ein Sättigungswert für die Linientiefe erreicht ist.
Die Leistungsfähigkeit der in Kap. 2 beschriebenen und in
diesem Kapitel optimalisierten reaktiven Molekülstrahlquelle
wird in Abb. 9a und b demonstriert. In Abb. 9a werden die
mit einem Streuwinkel $\Theta_{LAB} = 21°$ gemessenen Fokussierungskurven für CsF, das in den Reaktionen $Cs + SF_6$ und $Cs + SF_4$
erzeugt wurde, mit der von thermisch erzeugtem CsF verglichen.
Abb. 9b zeigt für einen Streuwinkel von $\Theta_{LAB} = 12°$ die Fokussierungskurven für CsF aus den Reaktionen $Cs + PF_3$ und F_2,
verglichen mit CsF aus der Reaktion $Cs + SF_6$ unter demselben
Streuwinkel und für thermisch erzeugtes CsF. Es zeigt sich,
daß, ausgenommen die Reaktion $Cs + PF_3$, der reaktiv erzeugte
Strahl 10 - 25 % der Intensität eines thermisch erzeugten hat.
Für die Reaktion $Cs + PF_3$ läßt sich keine brauchbare Teilchen-
rate erzeugen. Selbst bei den höchsten zur Verfügung stehen-
den Fokussierungsspannungen ist das Verhältnis S_{Fok}/Schatten
kaum größer als 1. Der Grund hierfür kann eigentlich nur in
einem sehr kleinen Reaktionsquerschnitt zu suchen sein. In
der Literatur gibt es keinerlei Messungen von diesem System.

In Abb. 9a und b deuten Kreise an, bei welchen Fokussierungsspannungen das Verhältnis $\frac{S_{Fok}}{Schatten} = 1$ wird. Für thermisch
erzeugtes CsF ist dies schon bei kleineren Spannungen er-
füllt, weil hier näherungsweise eine "Punktquelle" abge-
bildet wird. Die bei den Reaktionen vorliegende "Volumen-
quelle" hat naturgemäß ein größeres Schattensignal. Bei den
in Abb. 9a und 9b angegebenen Laborwinkeln und Gaseinlaß-
raten rührt der Schatten zu 90 % von gestreutem CsF her und
nicht von gestreutem Cs, wie eine Verringerung der Temperatur des Pt.-Bandes im Detektor erkennen ließ. Die bei Fokussierung des (1,0)-Zustandes üblicherweise vorliegenden Verhältnisse S_{Fok}/Schatten waren:

för CsF_{therm}: 5 : 1
für $Cs + SF_6$:   2 : 1
und für $Cs + SF_4$: 1,5 : 1

5. Meßergebnisse

Die Verteilung der reaktiv erzeugten Moleküle CsF auf die
Schwingungszustände v wurde für die beiden Reaktionen

$Cs + SF_6 \rightarrow CsF + SF_5$
und $Cs + SF_4 \rightarrow CsF + SF_3$

gemessen. Für die Reaktionen Cs + PF_3 und F_2 wurden keine
HF-Spektren gefunden (s. Kap. 5.3). Als optimale Werte für
die Fokussierungsspannung U und die Gaseinlaßrate bzw. den
Druckanstieg p_{Gas} für das Streugas wurden benutzt (Kap. 4):

für Cs + SF_6 U = 980 V p_{SF_6} = 2 · 10^{-5} Torr

für Cs + SF_4 U = 900 V p_{SF_4} = 1,6 · 10^{-5} Torr

für thermisch er-
zeugtes
CsF_{therm} U = 700 V

Abb. 10 zeigt einige "Übersichtsspektren" für obige Reaktionen
und, zum Vergleich, für CsF_{therm}. Sie wurden jeweils in mehreren Schritten aufgenommen mit verschieden großen Gesamtteilchenzahlen G bzw. Zählzeiten. Alle Messungen wurden am Rotationszustand J = 1 vorgenommen. Die eingestrahlte, opitmale
HF-Amplitude betrug 500 mV (Spitze-Spitze). Die benutzten
Daten für die Feldstärke im C-Feld und die Temperaturen der
Reaktanten bzw. des thermischen CsF-Strahls sind in Abb. 10
angegeben.

Wie ein Vergleich mit dem HF-Spektrum für CsF_{therm} zeigt,
liefert die Reaktion Cs + SF_6 für die Produkte CsF ebenfalls
eine thermische Verteilung der Schwingungszustände. Dieses
Ergebnis stimmt mit dem von Freund et al. [9] überein. Die
für Cs + SF_4 gemessene Verteilung weicht dagegen deutlich von
einer thermischen ab. Beiden Verteilungen ist gemeinsam das
Maximum bei v = 0. Messungen der Translations- und Rotationsenergie ähnlicher Systeme [17] lassen darauf schließen, daß
bis zu 80 % der freiwerdenden chemischen Energie als Schwingungsanregung der Reaktionsprodukte erscheint. Bei den beiden obigen Reaktionen scheint von dieser Energie nur ein kleiner Teil zur Schwingungsanregung von CsF zur Verfügung zu
stehen.

"Übersichtsspektren", wie sie in Abb. 10 dargestellt sind,
wurden für beide Reaktionen unter jeweils gleichen Bedingungen
mehrfach gemessen. Zusätzlich wurden unter denselben Bedingungen "Relativmessungen" durchgeführt (Kap. 3), bei denen die
Intensitäten der Resonanzlinien bis v = 6 mit der für v = 0
verglichen werden konnten. Die Ergebnisse beider Meßverfahren
stimmen innerhalb der statistischen Meßfehler gut überein.

Im folgenden wird auf die Ergebnisse für die einzelnen Systeme
näher eingegangen.

5.1 Cs + SF_6

Das Ergebnis der Mittelungen über sämtliche Messungen am
System Cs + SF_6 ist für zwei Paare der Reaktantentemperaturen
T_{Cs} und T_{SF_6} in Abb. 11 dargestellt. $A_v = N_v/N_0$ sind die auf

die Linienintensität des Grundzustandes, N_o, normierten Intensitäten der Schwingungszustände v, die in logarithmischer Darstellung gegen $(E_v - E_o)$ aufgetragen sind. E_v ist die molare Schwingungsenergie des Moleküls im Zustand v. Sie ist für zweiatomige Moleküle in anharmonischer Näherung gegeben durch

$$E_v/hcL = \omega_e (v+1/2) + \omega_e x_e (v+1/2)^2 \qquad (5.1)$$

wo ω_e die Schwingungskonstante, $\omega_e x_e$ die Anharmonizität beschreibt [7)] und $L = 6{,}3 \cdot 10^{23}$ Moleküle/Mol ist.

Der gerade Verlauf der beiden Meßkurven in Abb. 11 bedeutet, daß die Verteilung der in der untersuchten Reaktion erzeugten CsF-Moleküle auf die Schwingungsenergie bzw. die -zustände durch eine Boltzmann-Verteilung beschrieben wird, die lediglich von einem Parameter, der Schwingungstemperatur T_v, abhängt.

Die Meßwerte in Abb. 11 können durch die Boltzmann-Funktion beschrieben werden:

$$A_v = e^{-(E_v-E_o)/RT_v} \qquad (5.2)$$

Jedoch ist hierbei noch nicht berücksichtigt, daß die Lebensdauer der angeregten Schwingungszustände endlich ist, und zwar für alle Schwingungszustände unterschiedlich. Da die in den verschiedenen Schwingungszuständen gebildeten Moleküle für ihren Weg von der Reaktionszone bis zu ihrer Analyse im C-Feld die Zeit Δt benötigen, werden unterschiedlich viele Moleküle in den einzelnen Zuständen verschwinden, andererseits treten diese Moleküle in niedrigeren Zuständen wieder auf. Freund et al. [9] erhalten für CsF und v < 25 für die Lebensdauer im Schwingungszustand v:

$$\tau_v = \frac{\tau}{v} \text{ mit } \tau = 350 \text{ msec} \qquad (5.3)$$

Da die Flugzeit in der Apparatur sehr klein ist, gegenüber der Lebensdauer in den beobachteten Zuständen 0 < v < 12, läßt sich die Verteilung der Schwingungszustände im C-Feld näherungsweise beschreiben durch:

$$A_v = e^{-\frac{E_v-E_o}{RT}} \cdot e^{-\frac{vt}{\tau} \cdot \frac{\Delta E}{RT}} \qquad (5.4)$$

Hierbei ist angenommen, daß ein Schwingungzustand einerseits zerfällt und andererseits von dem unmittelbar darüberliegenden Schwingungszustand aufgefüllt wird; als Näherung wird benutzt: $\frac{v \cdot T}{\tau} \ll 1$ und $\Delta E = E_{v+1} - E_v$.

[7)] Für CsF ist [18]: $\omega_e = 352{,}56 \text{ cm}^{-1}$; $\omega_e x_e = 1{,}62 \text{ cm}^{-1}$

Die Schwingungstemperaturen T_v wurden durch Anpassung von (5.4) an die Meßpunkte in Abb. 11 gewonnen (ausgezogene Kurven); ihre Werte sind in Tab. 2 angegeben [8]. Wie Abb. 11 zeigt, werden die Meßdaten durch (5.4) und der anharmonischen Näherung (5.1) sehr gut wiedergegeben. Die Verwendung einer harmonischen Näherung statt (5.1) zeigte eine signifikant schlechtere Übereinstimmung zwischen gemessenen und nach (5.4) gerechneten Daten. Diese Tatsache gibt einen Eindruck von der Empfindlichkeit des Meßverfahrens.

Zum Vergleich sind in Abb. 12 entsprechende Messungen für einen thermisch erzeugten CsF-Strahl mit zwei verschiedenen Strahltemperaturen T_{CsF} dargestellt. Hier werden exakte Boltzmann-Verteilungen erwartet und auch gemessen. Übereinstimmung mit dem Experiment läßt sich auch hier wieder nur unter Berücksichtigung der Anharmonizität des Molekülpotentials erreichen. Die durch Anpassung von (5.2) an die Meßdaten ermittelten Temperaturen T_v sind ebenfalls in Tab. 2 aufgeführt. Die Tabelle enthält ferner die in [9] veröffentlichten Ergebnisse, die allerdings unter etwas anderen experimentellen Bedingungen gewonnen wurden. Während die Ergebnisse dieser Arbeit einer Mittelung über alle gemessenen Werte A_v entspricht, wurden die Resultate in [9] nur aus der Messung von A_1 gewonnen. Ferner unterscheiden sich die dort durchgeführten Experimente in der Kinematik und der Wahl des HF-Überganges (Tab. 2) von den Experimenten dieser Arbeit.

Tab. 2:

Autor	diese Arbeit		S. Freund et al. [9]		diese Arbeit		
System	Cs + SF_6		Cs + SF_6		CsF_{therm}		
Resonanz	J=1 $m_J=0 \to \pm1$		J=3 $m_J=1 \to 2$		J=1 $m_J=0 \to \pm1$		
Kinematik: γ	45°		90°				
Θ_{LAB}	21°		45°				
T_{Cs} (K)	750	750	580	580	T_{CsF}(K)	820	840
T_{SF_6} (K)	200	420	230	600			
T_v (K)	1094±6	1245±15	1120±40	1270±40	T_v(K)	835±4	864±5

5.2 Cs + SF_4

Die Verteilung der in der Reaktion Cs + SF_4 erzeugten Moleküle CsF auf die einzelnen Schwingungszustände bis hin zu v = 10

---

[8] Eine Anpassung von (5.2) an die Meßdaten unter Vernachlässigung der Lebensdauer-Korrektur liefert Temperaturen, die nur um 7°/oo kleiner sind.

ist in Abb. 13 dargestellt. Die einzelnen Meßpunkte der Kurven entstanden durch Mittelung über eine Reihe von Einzelmessungen, sowohl "Übersichtsmessungen" als auch "Relativmessungen". Die einzelnen Kurven entsprechen verschiedenen Reaktantentemperaturen. Die Abhängigkeit der Verhältnisse $A_v = N_v/N_o$ von diesen Temperaturen ist recht groß. So wächst z. B. A_5 von 9,3 % auf 14,5 % an, wenn T_{Cs} = 720 K und T_{SF_4} = 200 K auf T_{Cs} = 770 K und T_{SF_4} = 420 K erhöht wird. Die Kurven sind stark gekrümmt. In ihrer Form sind sie jedoch alle gleich: Wegen dieser Abweichung von einer Geraden in der Darstellung von Abb. 13 ist eine einfache Boltzmann-Verteilung ausgeschlossen. Andererseits gibt es nach wie vor Details im Verlauf der Kurven, die auch thermischen Verteilungen eigen sind. So liegt weiterhin das Maximum der Verteilung bei v = 0, zum anderen kann der Kurvenverlauf für v > 5 durch eine Gerade angenähert werden. Eine ausführliche Deutung wird in Kap. 6.2 gegeben.

5.3 Cs + PF_3 und F_2

Für beide Reaktionssysteme konnten keine Resonanzspektren gemessen werden. Die Gründe dafür sind verschiedener Natur.

Wie schon in Kap. 4 angedeutet, war die fokussierte CsF-Teilchenrate aus der Reaktion Cs + PF_3 [9] zu gering. Für Fokussierungsspannungen, bei denen etwa der Zustand (1,0) fokussiert werden sollte, war das Verhältnis S_{Fok}/Schatten in der Regel schlechter als 1 : 5, wobei für S_{Fok} lediglich 2 - 300 Teilchen/sek gemessen wurden. Darüber hinaus wurde das Produktsignal durch nicht verstandenen Fluktuationen gestört.

Für das System Cs + F_2 hingegen war die Produktintensität erfreulich hoch (Kap. 4). Daß trotzdem keine Resonanzlinien gemessen werden konnten, kann folgendermaßen erklärt werden: Für ein System wie Cs + F_2 → CsF + F [9] sollte der weitaus größte Teil der freiwerdenden chemischen Energie in Schwingungsanregung von CsF gehen [17]. Aus den Dissoziationsenergien D_o (Cs - F) = 118,9 kcal/mol und D_o (F - F) = 37,6 kcal/mol [19] (s. Kap. 6.1) ergibt sich eine Exothermizität von ΔD_o = 81,3 kcal/mol. Unter der Annahme, daß je ca. 10 % dieser Energie in Translations- und Rotationsanregung [8, 17] von CsF gehen, sollte eine Schwingungsanregung des CsF äußerstenfalls bis zum Schwingungszustand v = 145 möglich sein (s. Kap. 6.1). Verteilen sich nun die reaktiv erzeugten CsF-Moleküle nicht, wie bei den Reaktionen Cs + SF_6 und Cs + SF_4, zu 80 bis 90 % auf die zehn untersten Schwingungszustände, sondern wegen der großen Exothermizität auf 70 bis 100 von den 145 möglichen Zuständen, dann sind die Resonanzlinien zu schwach, um in der durch den Primärofen (Düsenofen) begrenzten Meßzeit von 3 bis 4 Stunden sichtbar gemacht werden zu können. Selbst durch

---

[9] In der Literatur gibt es z. Zt. noch keinerlei Messungen zu diesen Systemen.

Wahl einer kleineren Feldstärke E = 86 V/cm im C-Feld, die eine teilweise Überlagerung der Resonanzlinien mehrerer Schwingungszustände bewirkt, konnte kein Resonanzsignal gefunden werden. Eine noch kleinere Feldstärke konnte wegen beginnender Durchmischung der Rotationszustände (schlechter Durchgriff in der Gegend der Pufferfelder) leider nicht benutzt werden.

6. Deutung der Meßergebnisse

6.1 Cs + SF_6

Die Reaktion Cs + $SF_6 \rightarrow$ CsF + SF_5 ist stark exotherm. Die Exothermizität ΔD_o ist die Differenz zwischen der Bindungs- bzw. Dissoziationsenergie des CsF-Moleküls, D_o(Cs-F) [10], und der Dissoziationsenergie eines F-Atoms im SF_6-Molekül, $D_o(SF_5-F)$.

Das SF_6-Molekül besitzt eine oktohedrale Struktur (Punktgruppe O_h) [20], die in Abb. 14 dargestellt ist. Aufgrund dieser Symmetrieeigenschaft sind alle S-F-Bindungen im SF_6 gleichwertig und haben deshalb dieselbe Dissoziationsenergie. Benutzt man für diese den Mittelwert über mehrere, nach verschiedenen Methoden gemessenen Dissoziationsenergien $D_o(SF_5-F)$ [21, 22, 23]:

$D_o(SF_5-F)$ = 80(4) kcal/mol,

so erhält man zusammen mit der Dissoziationsenergie des CsF,

D_o(Cs-F) = 119(2) kcal/mol [24],

für die Exothermizität ΔD_o den Wert:

ΔD_o = 39(6) kcal/mol.

Mit Hilfe der für ein Morsepotential gültigen Beziehung:

$$v_{max} = \frac{2D_e}{hc \cdot \omega_e} - 1/2$$

ergibt sich unter Benutzung der experimentellen Dissoziationsenergie $D_e \simeq D_o$: v_{max} = 235.

Eine Schwingungsanregung über v_{max} hinaus führt zur Dissoziation von CsF.

Nimmt man an, daß ca. 80 % der oben angegebenen Exothermizität ΔD_o (Kap. 5) zur Schwingungsanregung von CsF zur Ver-

---

10) Die mit D_o bezeichneten Dissoziationsenergien sind auf den Schwingungsgrundzustand bezogen, die mit D_e auf das Potentialminimum.

fügung steht, so sollte eine Anregung bis immerhin v = 65
möglich sein. Die Meßergebnisse zeigen dagegen, daß lediglich die untersten Zustände angeregt sind, und daß diese
Zustände einer Boltzmann-Verteilung unterliegen.

Die Erklärung für dieses Verhalten liegt darin, daß die
Reaktion $Cs + SF_6$ nicht über einen "direkten" oder "impulsiven" Mechanismus (s. Kap. 1), sondern über einen Zwischenkomplex

$$Cs + SF_6 \rightarrow CsSF_6 \rightarrow CsF + SF_5$$

abläuft, dessen Lebensdauer τ groß ist gegenüber einer Schwingungs- und einer Rotationsperiode. In [5] wird gezeigt, daß
ähnliche Komplexe eine Lebensdauer von $\tau > 5 \cdot 10^{-12}$ sec haben,
also groß genug, um den Komplex ein thermisches Gleichgewicht erreichen zu lassen. Das bedeutet, daß sich die zur
Verfügung stehende Energie ΔD_o gleichmäßig auf alle Freiheitsgrade der Rotation und der Schwingung verteilt.

Um dieses Modell eines langlebigen Komplexes an Hand der gemessenen Daten bestätigen zu können, ist die Aufstellung
einer Energiebilanz für den Komplex $CsSF_6$ nötig. Die gesamte
zur Verfügung stehende Energie E_{tot} ist:

$$E_{tot} = E_{trans} + E_{rot} + E_{vibr} + D_o \qquad (6.1)$$

E_{trans} ist die wahrscheinlichste relative Translationsenergie
der Reaktanten Cs und SF_6. E_{rot} und E_{vibr} sind die mittlere
Rotations- bzw. Schwingungsenergie (die Nullpunktsenergie
ist wegen der Definition von ΔD_o (s. oben) nicht mitzuzählen)
von SF_6.

Die einzelnen Beiträge zu E_{tot} sind die folgenden:

a) Translationsenergie:

$$E_{trans} = \frac{1}{2} \mu \cdot \vec{g}^2 \qquad (6.2)$$

mit der reduzierten Masse $\mu = \dfrac{m_{Cs} \cdot m_{SF_6}}{m_{Cs} + m_{SF_6}}$.

Aus dem Vektordiagramm in Abb. 15 ergibt sich für die Relativgeschwindigkeit $|\vec{g}|$:

$$|\vec{g}|^2 = |\vec{v}_{Cs} - \vec{v}_{SF_6}|^2 = v_{Cs}^2 + v_{SF_6}^2 - 2|\vec{v}_{Cs}| \cdot |\vec{v}_{SF_6}| \cdot \cos\gamma \qquad (6.3)$$

Für $|\vec{v}_{Cs}|$ und $|\vec{v}_{SF_6}|$ werden für diese grobe Abschätzung die
wahrscheinlichsten Geschwindigkeiten eingesetzt. Mit $T_{Cs} =$
750 K und $T_{SF_6} = 200$ K ergibt sich: $E_{trans} = 0{,}56$ kcal/mol.

b) Rotationsenergie:

Es gilt: $E_{rot} = 3/2\, R \cdot T_{SF_6}$ für die drei Rotationsfreiheitsgrade von SF_6. Mit $T_{SF_6} = 200$ K und der universellen Gaskonstanten $R = 2 \cdot 10^{-3}$ kcal/mol · grd ist

$E_{rot} = 0.6$ kcal/mol

c) Schwingungsenergie

Die mittlere Schwingungsenergie von SF_6 kann mit Hilfe der Zustandssumme Q_{vibr} in harmonischer Näherung berechnet werden:

$$E_{vibr} = RT^2 \cdot \frac{d}{dT}(\ln Q_{vibr}) = R \cdot \frac{hc}{k} \cdot \sum_i d_i \omega_i \frac{e^{-hc\omega_i/kT_{SF_6}}}{1-e^{-hc\omega_i/kT_{SF_6}}} \quad (6.4)$$

ω_i sind die in [26] tabellierten Fundamentalschwingungen, d_i sind deren Entartungen. Mit $T_{SF_6} = 200$ K erhält man

$E_{vibr} = 0.6$ kcal/mol.

Die gesamte dem Komplex $CsSF_6$ zur Verfügung stehende Energie beträgt damit

$E_{tot} = 41(7)$ kcal/mol.

Diese Energie verteilt sich im thermischen Gleichgewicht auf (3N-6) Freiheitsgrade der Schwingung des Komplexes, wobei N die Anzahl der beteiligten Atome ist, und einen Freiheitsgrad der Rotation:

$$E_{tot} = (3N-6) R \cdot T_k + \frac{R}{2} T_k = (3N-5\tfrac{1}{2}) R \cdot T_k \quad (6.5)$$

Die beiden anderen Rotationsfreiheitsgrade haben keinen Anteil am Energieaustausch, da sie durch die Drehimpulserhaltung festgelegt sind [5]. T_k ist die Gleichgewichtstemperatur, die in Tab. 3 mit der entsprechenden gemessenen Temperatur T_v verglichen wird.

Die gute Übereinstimmung zwischen T_k und T_v in Tab. 3 hat wegen der großen Unsicherheit von T_k, die von der Ungenauigkeit herrührt, mit der $D_o(SF_5-F)$ bekannt ist, für sich alleine keine allzu große Aussagekraft. Die zusätzliche Tatsache aber, daß sich T_v und T_k in übereinstimmender Weise ändern, wenn die Reaktantentemperaturen (hier T_{SF_6}) geändert werden, darf als Bestätigung für die Richtigkeit der Annahme des Komplexmodells gewertet werden.

Das Auftreten eines Zwischenkomplexes $CsSF_6$ wird zusätzlich bestätigt durch die beobachtete Vorwärts-Rückwärts-Symmetrie in der Winkelverteilung der Reaktionsprodukte im Schwerpunktssystem [16] (s. Kap. 1).

Mit der experimentell gefundenen Temperatur T_v läßt sich die im reaktiv erzeugten CsF steckende Schwingungsenergie E_v^{CsF} angeben:

SF_4 hat eine bipyramedale Struktur (Punktgruppe C_{2v}) [34, 35], die in Abb. 16 dargestellt ist. Die vier S-F-Bindungen sind nicht äquivalent, sondern es gibt zwei polare Bindungen (S-F_1 und S-F_2) und zwei äquatoriale (S-F_3 und S-F_4). Die Gleichgewichtsabstände r_{pol} und $r_{äquat}$ der F-Atome vom S-Atom und die Kraftkonstanten k_{pol} und $k_{äquat}$ sind verschieden. Tab. 4 gibt die Daten für SF_4 und zum Vergleich die Werte für SF_6 [20].

Tab. 4: Gleichgewichtsabstände und Kraftkonstanten

	r_{pol} (Å)	k_{pol} (mdyn/Å)	$r_{äquat}$ (Å)	$k_{äquat}$ (mdyn/Å)	r (Å)	k (mdyn/Å)
SF_4	1,643	3,5	1,542	4,8		
SF_6					1,56	5,04

Aufgrund dieser beiden verschiedenen Bindungen im SF_4 sind zwei verschiedene Reaktionen möglich, je nachdem, welche S-F Bindung aufgelöst wird. Beide Reaktionen unterscheiden sich sowohl in der Dissoziationsenergie und damit in der Exothermizität als auch im Reaktionsquerschnitt. Unterschiede in den Reaktionsquerschnitten sind einmal dadurch bedingt, daß die F-Atome aufgrund der verschiedenen Kraftkonstanten mehr oder weniger fest an das S-Atom gebunden sind. Zum anderen spielt ein sterischer Effekt eine Rolle, da die beiden äquatorialen F-Atome auf einer Seite des Moleküls SF_4 zusammengedrängt sitzen. Die Rotation des Moleküls wird diesen Effekt verkleinern. Über die Exothermizität der beiden Reaktionen eine quantitative Voraussage zu machen, ist kaum möglich. Literaturwerte über die Größe der Dissoziationsenergien gibt es nicht. Die Möglichkeit, aus den bekannten Gleichgewichtsabständen und Kraftkonstanten über empirische Formeln auf die Dissoziationsenergien zu schließen, was bei zweiatomigen Molekülen zu zuverlässigen Ergebnissen führt [36], scheidet bei vielatomigen Molekülen ebenfalls aus. Aus diesem Grunde lassen sich nur einige qualitative Aussagen machen:

Eine Reaktion, die eine polare S-F Bindung auflöst, hat aufgrund des größeren r_{pol} und des kleineren k_{pol} eine kleinere Dissoziationsenergie als eine Reaktion, die die äquatoriale Bindung betrifft. Dies hat weiter zur Folge, daß die Exothermizität für die "polare Reaktion" größer ist als für die "äquatoriale". Die "äquatoriale Reaktion" wird also mit ihrer kleineren Wahrscheinlichkeit und ihrer kleinen Exothermizität die Verteilung in Abb. 13 bei kleinen Schwingungszuständen bestimmen (v < 5). Die "polare Reaktion" mit ihrer größeren Wahrscheinlichkeit und ihrer großen Exothermizität wird bei hohen v-Zuständen dominieren (v > 5).

Nimmt man an, daß die beiden obigen Reaktionen über je einen Komplex $CsSF_4$ ablaufen, so ist es möglich, die gemessenen

Verteilungen durch Überlagerung zweier Boltzmann-Verteilungen verschiedener Temperatur T_v^i zu deuten. Der Index i kennzeichnet die beiden Komplexe: i = I den äquatorialen und i = II den polaren Komplex. Die beiden Komplexreaktionen unterscheiden sich dadurch, daß bei ihrem Auseinanderbrechen entweder eine polare oder eine äquatoriale S-F Bindung aufgebrochen wird. Die beiden Komplexreaktionen laufen aus den oben angeführten Gründen mit unterschiedlicher Wahrscheinlichkeit ab. Paßt man dieses Zwei-Komplex-Modell an die beiden Verteilungen in Abb. 13 an, die bei verschiedenen Reaktantentemperaturen bis v = 10 bzw. v = 7 gemessen wurden [12], so erhält man die in Abb. 13 ausgezogenen Kurven, denen die in Tab. 5 angegebenen Temperaturen T_v^i für die Verteilung der Schwingungsenergie entsprechen. Die gestrichelt gezeichneten Geraden stellen die beiden getrennten Boltzmann-Verteilungen dar. Ihre Überlagerung ergibt die untere ausgezogene Kurve.

Die Temperaturen T_v^I für den "äquatorialen Komplex" und T_v^{II} für den "polaren Komplex" unterscheiden sich um eine Größenordnung. Unter Berücksichtigung der inneren Freiheitsgrade lassen sich, analog zu (6.5), aus diesen Temperaturen die Gesamtenergien T_{tot}^i berechnen (Tab. 5):

$$E_{tot}^i = (3N - 5\tfrac{1}{2}) \cdot R \cdot T_v^i \qquad (6.8)$$

Das Aufstellen einer Energiebilanz hingegen ist nicht möglich, da die Dissoziationsenergien $D_o^i(SF_3-F)$ für die beiden nicht äquivalenten S-F Bindungen im SF_4 unbekannt sind.

Aus den gemessenen Verteilungen lassen sich Wahrscheinlichkeiten p_{eff}^i für das Auftreten der beiden Komplexe berechnen durch Summation der Funktionswerte der einzelnen Boltzmann-Verteilungen in Abb. 13 über v (v → ∞). Die in Tab. 5 angegebenen Werte für p_{eff}^i sind jedoch nicht die "wahren" Wahrscheinlichkeiten, sondern durch die unterschiedliche Kinematik der beiden Reaktionen und die Eigenschaften des Spektrometers stark modifizierte, "effektive" Wahrscheinlichkeiten.

Der Einfluß der Kinematik kann an Hand des "Newton-Diagramms" in Abb. 17 erläutert werden. Dieses wird aus den wahrscheinlichsten Geschwindigkeiten des Cs- und des SF_4-Strahls, die den Temperaturen T_{Cs} = 720 K und T_{SF_4} = 200 K entsprechen (vgl. Tab. 5), konstruiert. Beide Strahlen kreuzen sich unter γ = 45°. Unter der Annahme des Zwei-Komplex-Modells sind im Schwerpunktsystem die Geschwindigkeiten $\vec{u}_{CsF}$ der Reaktionsprodukte CsF für beide Komplexreaktionen durch die oben ermittelten Temperaturen T_v^i bestimmt ($T_v \simeq T_{trans} \simeq T_{rot}$ für den Zerfall eines stark exothermen Komplexes [28]). Die Geschwindigkeitsverteilungen der Produkte sind gegeben durch:

---

[12] Eine Anpassung an die beiden oberen Kurven ist wegen der geringen Zahl von Schwingungszuständen nicht sinnvoll.

$$f(u^i_{CsF}, T^i_v) \sim \frac{(u^i_{CsF})^3}{(a^i)^4} \cdot e^{-(u^i_{CsF})^2/(a^i)^2} \quad \text{mit } a^i = \sqrt{\frac{2kT^i_v}{m_{CsF}}}$$

(6.9)

<u>Tab. 5:</u> Ergebnisse für die Reaktion Cs + SF$_4$

System		Cs+SF$_4 \rightarrow$CsF+SF$_3$; J=1; γ=45°; Θ_{LAB}=21°	
T_{Cs} (K)		720	720
T_{SF_4} (K)		200	320
T^i_v (K)	i=I i=II	410 ± 20 2740 ± 240	430 ± 40 2980 ± 580
E^i_{tot} ($\frac{kal}{mol}$)	i=I i=II	10,3 ± 0,5 68,4 ± 6	10,7 ± 1 73,5 ± 15
P^i_{eff}	i=I i=II	43 % ± 5 % 57 % ± 5 %	40 % ± 11 % 60 % ± 11 %
p^i	i=I i=II	< 5 % > 95 %	
E^{CsF}_v/E_{tot}		8 %	

Die Spitzen der im Strahl wahrscheinlichsten Geschwindigkeitsvektoren $\vec{u}^i_{CsF} = \frac{3}{2} \cdot a^i$ liegen auf den in Abb. 17 mit T^I und T^{II} gekennzeichneten Kreisen um den Schwerpunkt. Über der Richtung der Schwerpunktsgeschwindigkeit $\vec{c}$ sind die obigen Geschwindigkeitsverteilungen $f(u_{CsF}, T^i_v)$ für die beiden Komplexreaktionen i aufgetragen.

Aufgrund der im Spektrometer eingestellten Fokussierungsspannung von U = 0,9 kV werden jedoch nur solche CsF-Moleküle auf ihre Schwingungsverteilung analysiert, die im Laborsystem eine Translationsenergie von E^{LAB}_{trans} = 5,0 kcal/mol haben. Dies entspricht einer Translationstemperatur von 1660 K bzw. einer Geschwindigkeit von v_{CsF} = 520 m/sec (s. Formel (6.7)) im Laborsystem.

Die Spitzen der Geschwindigkeitsvektoren $\vec{v}_{CsF}$ liegen auf dem mit v_{Sp} gekennzeichneten Kreis um den Koordinatenursprung (Abb. 17). Da die Messungen unter einem Winkel Θ_{LAB} = 21° im Laborsystem durchgeführt wurden, ist die zugehörige Geschwindigkeit im Schwerpunktsystem u_{CsF} = 270 m/sec. Ein Vergleich der beiden Verteilungsfunktionen $f(u_{CsF}, T^i_v)$ an der Stelle dieser Geschwindigkeit führt für die Wahrscheinkeiten $N_i(u_{CsF})$ der beiden Reaktionen zu dem Verhältnis

$$\frac{N_{II}(u_{CsF})}{N_I(u_{CsF})} = \frac{1}{11,3} \tag{6.10}$$

Dies bedeutet, daß aufgrund der Geschwindigkeitsselektion des Spektrometers hauptsächlich CsF aus der Reaktion i = I fokussiert und auf Schwingungsanregung untersucht wurde. Dies bewirkt eine Überrepräsentation in der Bestimmung der Wahrscheinlichkeit des Reaktionskanals i = I.

Neben den beiden Geschwindigkeitsverteilungen $f(u_{CsF}, T_v^i)$ haben auch die aufgrund der verschiedenen Temperaturen T_{rot}^I und T_{rot}^{II} stark unterschiedlichen Rotationszustandsverteilungen $f(J, T_{rot}^i)$ einen großen Einfluß auf die gemessenen Wahrscheinlichkeiten p_{eff}^i. Die Verteilung der Rotationszustände ist gegeben durch:

$$f(J,T) = \frac{e^{-hcBJ(J+1)/kT}}{Q_{rot}} \tag{6.11}$$

Q_{rot} ist die Zustandssumme der Rotation. Mit den Temperaturen $T_{rot}^i \simeq T_v^i$ (Tab. 5) folgt hieraus für die beiden Besetzungen des Zustandes (1,0) das Verhältnis

$$\frac{N_J^{II}}{N_J^I} = \frac{1}{6,5} \tag{6.12}$$

Auch aufgrund der Zustandsselektion im Spektrometer ist also die Reaktion i = I überbetont.

Für die "wahren" Wahrscheinlichkeiten für das Auftreten der beiden Komplexreaktionen folgt mit (6.10), (6.12) und den in Tab. 5 aufgeführten Werten für p_{eff}^i das Verhältnis

$$\frac{p^{II}}{p^I} = \frac{p_{eff}^{II}}{p_{eff}^I} \cdot \frac{N_{II}(u_{CsF})}{N_I(u_{CsF})} \cdot \frac{N_J^{II}}{N_J^I} = 97,4 \tag{6.13}$$

oder $p^I \simeq 1$ % und $p^{II} \simeq 99$ %.

Dieses Ergebnis zeigt, daß die Reaktion Cs + $SF_4 \rightarrow$ CsF + SF_3 hauptsächlich über die Komplexreaktion i = II abläuft. Obige Rechnung ist natürlich nur eine grobe Näherung. Vernachlässigt wurden u. a. die Geschwindigkeits- und Winkelverteilungen für die Reaktanten sowie die Breite des vom Spektrometer akzeptierten Geschwindigkeitsintervalls. Die in Tab. 5 angegebenen Werte für p^i kann man jedoch als gesichert ansehen.

Die als Schwingungsenergie $E_v^{CsF} = \sum_i p^i R \cdot T_v^i$ des Produktmoleküls CsF auftretende Energie ist praktisch ganz durch die Reaktion i = II bestimmt: $E_v^{CsF} \simeq R \cdot T_v^{II}$. Entsprechend gilt für die Gesamtenergie (vgl. 6.8):

$$E_{tot} = \sum_i p^i E_{tot}^i \simeq E_{tot}^{II} = (3N - 5\tfrac{1}{2}) R\, T_v^{II} \qquad (6.14)$$

Der Wert des in Tab. 5 angegebenen Verhältnisses E_v^{CsF}/E_{tot} zeigt, daß, wie bereits beim System Cs + SF_6 beobachtet, nur ein kleiner Teil der Gesamtenergie als Schwingungsenergie des CsF erscheint. Der größte Teil von E_{tot} muß in innere Anregung des Radikals SF_3 gegangen sein.

Die Gültigkeit des zur Deutung der Schwingungsenergie-Verteilung von CsF aus der Reaktion Cs + SF_4 benutzten Zweikomplex-Modells kann durch die oben beschriebenen Meßergebnisse nur teilweise bestätigt werden. Der gerade Verlauf der Verteilung für v > 5 in Abb. 13 ist als Bestätigung der Annahme anzusehen, daß die "polare Reaktion" (i = II) über einen Zwischenkomplex abläuft. Über den Ablauf der "äquatorialen Reaktion" (i = I) lassen sich noch keine endgültigen Aussagen machen. Durch Variation des Streuwinkels Θ_{LAB} und der Fokussierungsspannung im Spektrometer ist es jedoch möglich, die effektiven Wahrscheinlichkeiten p_{eff}^i so zugunsten der Reaktion i = I zu beeinflussen, daß diese genauer untersucht werden kann. Diese Experimente werden zur Zeit durchgeführt. Darüberhinaus kann die Messung der Winkelverteilung des reaktiv erzeugten CsF eine zusätzliche Bestätigung für die Anwendbarkeit des Zwei-Komplex-Modells erbringen.

7. Diskussion systematischer Fehler

Das Meßverfahren zur Bestimmung der in Abb. 11 bis 13 dargestellten Intensitätsverhältnisse A_v birgt einige mögliche Quellen systematischer Fehler [37] in sich, deren Einfluß experimentell untersucht wurde:

1. Fokussierungseigenschaften des Spektrometers: Für verschiedene Schwingungszustände v sollten die Fokussierungseigenschaften des Spektrometers aufgrund der Abhängigkeit der Größe μ_v^2/B_v von v etwas unterschiedlich sein. Um den Einfluß dieses Effektes zu untersuchen, wurde mit einem thermisch erzeugten CsF-Strahl das Verhältnis $A_1 = N_1/N_0$ (s. Kap. 5) über einen großen Bereich der Fokussierungsspannung U gemessen. Wie Abb. 18 zeigt, bleibt A_1 innerhalb der statistischen Fehler konstant. Selbstverständlich wird der Absolutwert der Linientiefen kleiner, wenn der Rotationszustand (1,0) nicht mehr optimal fokussiert wird (s. Kap. 4).

Das gleiche Ergebnis erhält man, wenn man die Verteilung der Schwingungszustände für verschiedene Spannungen mißt,

wie es in Abb. 19 bis v = 4 dargestellt ist. Hier besteht
völlige Übereinstimmung zwischen den beiden Verteilungen
die mit Fokussierungsspannungen gemessen wurden, die sich
um 380 V unterscheiden, also um einen weit größeren Betrag
als die Differenz zwischen den optimalen Fokussierungsspannungen für v = 0 und z. B. v = 10, die mit U = 720 V
für v = 0 etwa bei 80 V liegt (s. Formel 6.7).

2. Einfluß der HF-Amplitude im C-Feld: Es besteht die Möglichkeit, daß die eingestrahlte HF-Amplitude einen Einfluß
auf das Verhältnis der Linientiefen hat. Der Grund dafür
könnte die Abhängigkeit der Hyperfeinstruktur von v sein [12].
Da im Experiment eine durch "power broadening" erzeugte
Enveloppe der Hyperfeinstrukturaufspaltung gemessen wird
(s. Kap. 3), muß deren Abhängigkeit von der HF-Amplitude untersucht werden. Das Ergebnis zeigt Abb. 20 für das Verhältnis A_1 für thermisch erzeugtes CsF. A_1 bleibt von der Variation
der HF-Amplitude völlig unbeeinflußt. Natürlich ändert sich
die Tiefe der einzelnen Resonanzlinien. Je größer die Amplitude wird, umso größer wurde neben der Linienbreite auch die
Linientiefe. Letztere strebt allerdings bei weiter anstei-
gender HF-Amplitude einem Grenzwert zu, während die Linienbreite durchaus noch zunimmt (500 mV war die mit der vorhan-
denen Frequenzdekade maximal erreichbare Hochfrequenzampli-
tude; sie wurde bei allen Messungen benutzt). Messungen der
Verteilungen über v für zwei verschieden weit auseinanderliegende Hochfrequenzamplituden (300 mV und 500 mV) zeigten
über einen Bereich von fünf Schwingungszuständen keinen
Effekt, der außerhalb der statistischen Fehler lag. Es ergab
sich ein ähnliches Bild wie in Abb. 19.

3. Einfluß der Einlaßrate des Sekundärgases: Eine weitere mögliche Quelle für einen systematischen Fehler könnte eine
Abhängigkeit von A_v von der Einlaßrate des Sekundärgases
SF_6 und SF_4 sein. Im Reaktionsvolumen kommt es sicher zu
Stößen von reaktiv erzeugtem CsF mit Sekundärgasmolekülen,
die zu einer Schwingungsrelaxation führen könnten. Um dies
zu untersuchen, wurden Experimente mit thermisch erzeugtem
CsF_{therm} durchgeführt, die an den betreffenden Gasen gestreut wurde. In Relativmessungen wurde $A_2 = \frac{N_2}{N_0}$ im "Sand-
wich"-Verfahren einmal mit Gas in der Ofenkammer und einmal
ohne Gas gemessen. Es wurde ein Gasdruck eingestellt, der
eine Abschwächung des CsF-Strahls um 30 % ergab. Das Ergebnis einer Mittelung über mehrere Messungen zeigt Tab. 6.

Tab. 6:

	SF_6	SF_4
ohne Gas: A_2 (%)	28,70 ± 0,1	28,2 ± 0,15
mit Gas : A_2 (%)	28,70 ± 0,05	28,25 ± 0,07

Innerhalb des statistischen Fehlers stimmen die Verhältnisse A_2 mit und ohne Gasstreuung überein. Die Differenz zwischen den Werten für SF_6 und SF_4 erklärt sich durch eine Differenz in der Ofentemperatur, da die Messungen an verschiedenen Tagen ausgeführt wurden.

Ähnliche Tests wurden auch am reaktiv erzeugten CsF-Strahl durchgeführt. Für die Reaktion $Cs + SF_6$ wurde $A_1 = \frac{N_1}{N_0}$ für zwei verschiedene Einlaßraten von SF_6 bzw. Diffusgasdrücke in der Ofenkammer gemessen. Für $T_{Cs} = 720$ K und $T_{SF_6} = 240$ K ergab sich:

$$A_1 = 61{,}1 \pm 0{,}2 \text{ \% bei } p_{SF_6} = 1 \cdot 10^{-5} \text{ Torr}$$

und $\quad A_1 = 61{,}1 \pm 0{,}17$ % bei $p_{SF_6} = 6 \cdot 10^{-5}$ Torr.

Auch hier konnte also kein signifikanter Effekt gefunden werden.

8. Zusammenfassung

Die Verteilung der Schwingungsenergie von CsF als Produkt der Reaktionen

$$Cs + SF_6 \rightarrow CsF + SF_5$$

und $\quad Cs + SF_4 \rightarrow CsF + SF_3$

wurde mit Hilfe der Molekularstrahl-Resonanzmethode bestimmt durch Messung der HF-Spektren der Produktmoleküle bis zum Schwingungszustand $v = 10$.

Für die Reaktion $Cs + SF_6$ ergab das Experiment eine reine Boltzmann-Verteilung, die durch die Bildung eines langlebigen Zwischenkomplexes $CsSF_6$ während des Reaktionsablaufes erklärt werden kann. Nur ca. 5 % der bei der Reaktion freiwerdenden Energie erscheint als Schwingungsanregung von CsF; der verbleibende, größte Teil der Energie verteilt sich auf die inneren Freiheitsgrade des Radikals SF_5.

Für $Cs + SF_4$ wurde eine von der einfachen Boltzmann-Verteilung abweichende Verteilung der Schwingungsenergie von CsF beobachtet. Diese läßt sich aufgrund der bipyramidalen Struktur des SF_4 deuten als Überlagerung zweier Reaktionen, die ebenfalls jeweils über einen langlebigen Komplex ablaufen und zwei verschiedene Boltzmann-Verteilungen zur Folge haben. Der größte Teil der freiwerdenden Energie wird wiederum von den inneren Freiheitsgraden des Radikals aufgenommen, während 8 % dieser Energie zur Schwingungsanregung von CsF zur Verfügung steht.

Für die Reaktionen Cs + PF_3 und F_2, die ebenfalls untersucht wurden, konnten keine HF-Spektren aufgelöst werden.

Wir danken dem Landesamt für Forschung des Landes Nordrhein-Westfalen für die Gewährung der finanziellen Mittel. Die numerischen Rechnungen wurden auf der PDP-10 unseres Institutes durchgeführt. Herrn Prof. Glemser vom Anorganisch-Chemischen Institut der Universität Göttingen gilt unser Dank für die Überlassung von PF_3-Gas. Herrn Kath danken wir für die Hilfe bei der Präparation von Alkalimetall.

Literaturverzeichnis

[1] Taylor, E.H. und S. Datz, J. Chem. Phys. $\underline{23}$, 1711 (1955).
[2] Herschbach, D.R., "Advances in Chemical Physics" $\underline{10}$, 319 (1966).
[3] Toennies, J.P., Ber. Bunsenges. Phys. Chemie $\underline{72}$, 927 (1968).
[4] Grosser, A.E., Blythe, A.R. und R.B. Bernstein, J. Chem. Phys. $\underline{42}$, 1268 (1964).
[5] Miller, W.B., Safron, S.A. und D.R. Herschbach, Disc. Faraday Soc. $\underline{44}$, 108 (1967).
[6] Herm, R.R. und D.R. Herschbach, J. Chem. Phys. $\underline{43}$, 2139 (1965).
[7] Grice, R., Mosch, J.E., Safron, S.A. und J.P. Toennies, J. Chem. Phys. $\underline{53}$, 3376 (1970).
[8] Moulton, M.G. und D.R. Herschbach, J. Chem. Phys. $\underline{44}$, 3010 (1966).
[9] Freund, S.M., Fisk, G.A., Herschbach, D.R. und W. Klemperer, J. Chem. Phys. $\underline{54}$, 2510 (1971).
[10] Bunker, D.L. und H.C. Blais, J. Chem. Phys. $\underline{41}$, 2377 (1964).
[11] Karplus, M. und J.M. Raff, J. Chem. Phys. $\underline{41}$, 1267 (1964).
[12] Bennewitz, H.G., Haerten, R., Klais, O. und G. Müller, Forschungsber. des Landes Nordrhein-Westfalen; Z. Physik $\underline{249}$, 168 (1971).
[13] Hundhausen, E. und H. Pauly, Z. Naturforschung $\underline{20a}$, 625 (1965).
[14] Morgenstern, R., Diplomarbeit, Freiburg (1967).
[15] Bennewitz, H.G. und R. Wedemeyer, Z. Physik $\underline{172}$, 1 (1963).
[16] Riley, S.J., Ph. D. Thesis, Harvard University, Cambridge (1970).
[17] Birely, J.H. und D.R. Herschbach, J. Chem. Phys. $\underline{44}$, 1690 (1968).
[18] Veazey, S.E. und W. Gordy, Phys. Rev. $\underline{138}$, A1303 (1965).
[19] Cottrell, T.L., "The Strength of Chemical Bond", Butterworth Scientific Publications, Ltd., London (1958).
[20] Braune, H. und S. Knoke, Z. Phys. Chem. $\underline{B21}$, 297 (1933).
[21] Bott, J.F. und T.A. Jacobs, J. Chem. Phys. $\underline{50}$, 3850 (1969).
[22] Kay, J. und F.M. Page, Trans. Faraday Soc. $\underline{60}$, 1042 (1964).
[23] Curran, R.K., J. Chem. Phys. $\underline{34}$, 1069 (1961).
[24] Brewer, L. und E. Brackett, Chem. Rev. $\underline{61}$, 425 (1961).
[25] Herzberg, G., "Molecular Spectra and Molecular Structure. I. Spectra of Diatomic Molecules", D. van Nostrand Company, Inc., Princeton (1967).
[26] Herzberg, G., "Electronic Spectra of Polyatomic Molecules", D. van Nostrand Company, Inc., Princeton (1966).
[27] Maltz, C., Ph. D. Thesis, Harvard University, Cambridge (1969).
[28] Safron, S.A., Ph. D. Thesis, Harvard University, Cambridge (1969).
[29] Raff, L.M. und M. Karplus, J. Chem. Phys. $\underline{44}$, 1212 (1966).
[30] Raff, L.M., J. Chem. Phys. $\underline{44}$, 1202 (1966).
[31] Ham, D.O. und J.L. Kinsey, J. Chem. Phys. $\underline{48}$, 939 (1968).
[32] Parish, D.D. und R.R. Herm, J. Chem. Phys. $\underline{51}$, 5467 (1969).
[33] Roach, A.C. und M.S. Child, Mol. Phys. $\underline{14}$, 1 (1968).
[34] Tolles, W.M. und W.D. Gwinn, J. Chem. Phys. $\underline{36}$, 1119 (1961).
[35] Levin, I.W. und C.V. Berry, J. Chem. Phys. $\underline{44}$, 2557 (1966).
[36] Siehe Zitate in: Herschbach, D.R. und V.W. Laurie, J. Chem. Phys. $\underline{35}$, 458 (1961).
[37] Moran, T.J. und J.W. Trischka, J. Chem. Phys. $\underline{34}$, 923 (1961).

Abbildungen

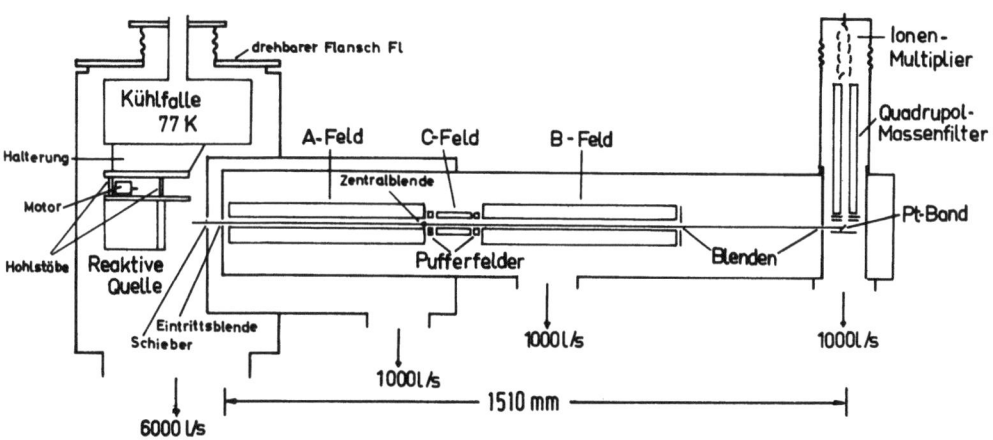

Abb. 1: Aufbau der Apparatur

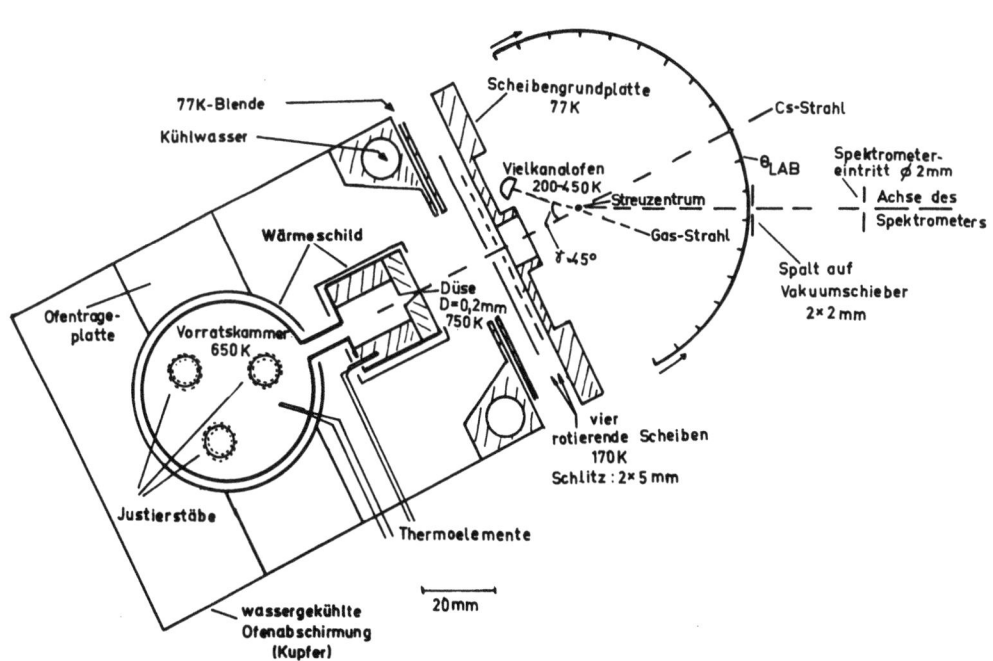

Abb. 2: Anordnung der reaktiven Molekularstrahlquelle

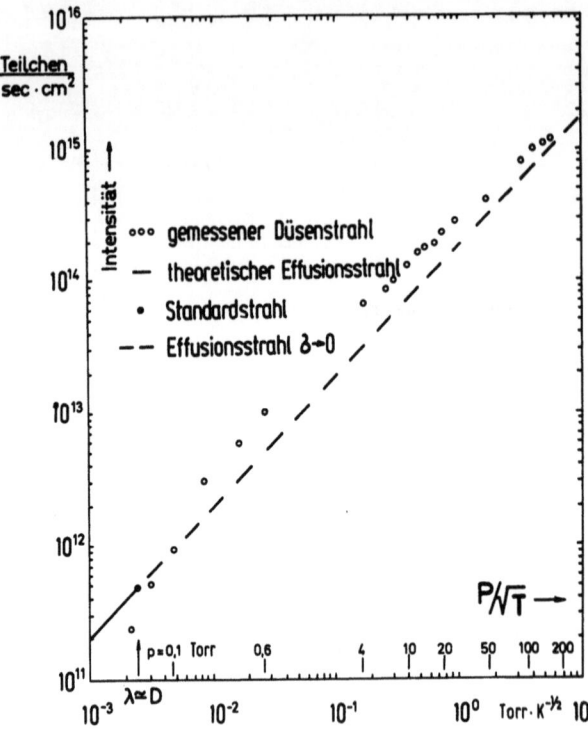

Abb. 3: Intensität des Cs-Düsenstrahls. Die Intensität ist auf 1 m Abstand bezogen. Der Durchmesser der Düsenöffnung beträgt D = 0,2 mm. Der Kreis deutet die Intensität an, die der Knudsen-Zahl Kn = 1 entspricht (s. Text). Der Standardstrahl gibt die Intensität an, die eine Effusionsquelle unter Einhaltung der Knudsen-Bedingung mit $\sigma = 500$ Å^2 und $\bar{v} = 500$ m/sec maximal ergeben würde.

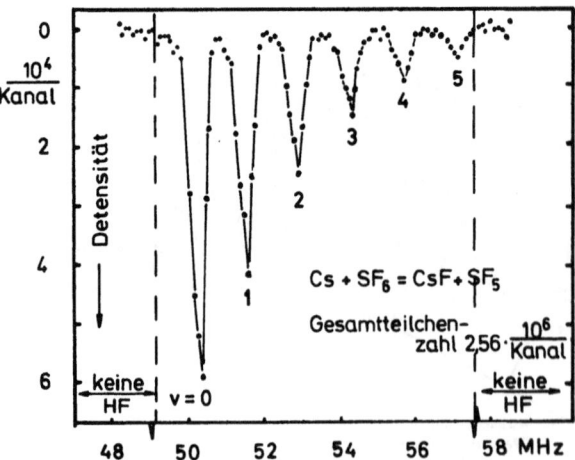

Abb. 4: "Übersichtsspektrum" für CsF (J = 1) aus der Reaktion Cs + SF$_6$; E = 342,86 V/cm, $\Theta_{LAB} = 21°$.

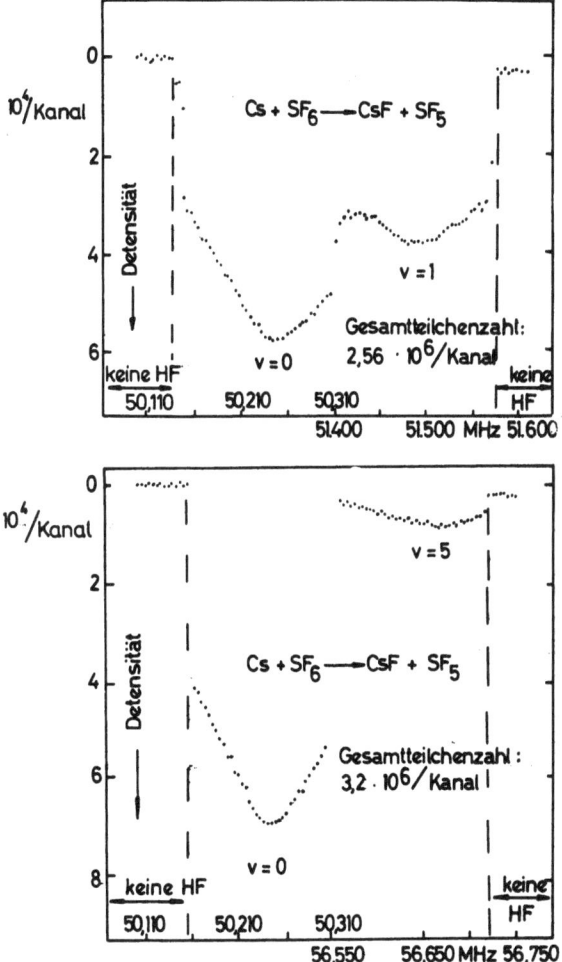

Abb. 5: "Relativspektrum" für CsF (J = 1) aus der Reaktion Cs + SF_6 von v = 1 und v = 5; E = 342,86 V/cm, Θ_{LAB} = 21°.

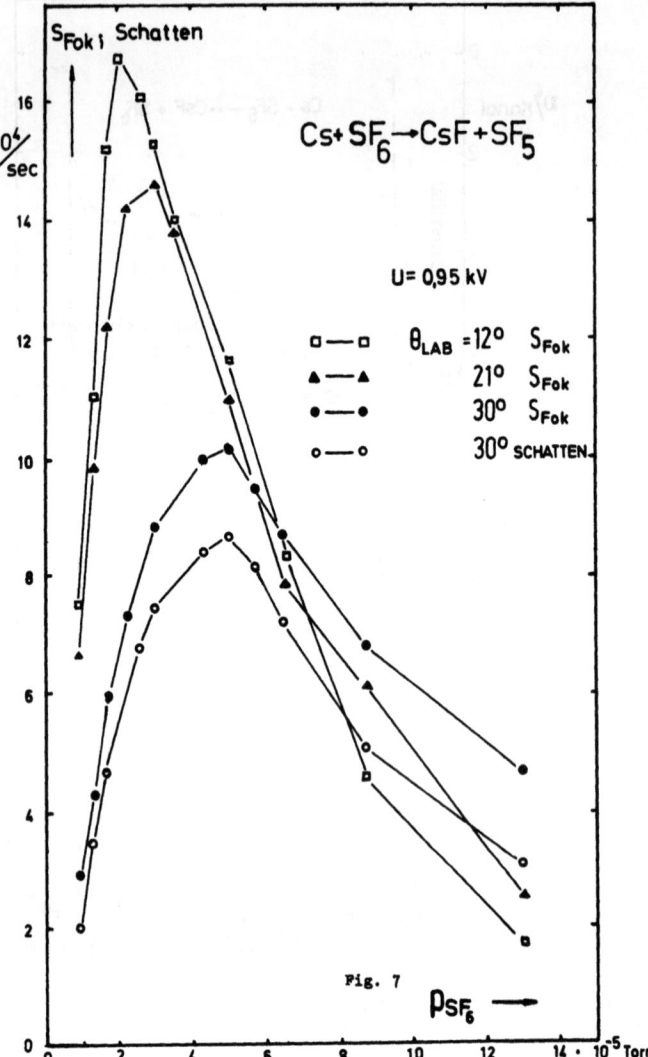

Abb. 6: Abhängigkeit der fokussierten Intensität S_{Fok} = (Signal-Schatten) und der Schattenintensität von der Einlaßrate des Sekundärgases. p_{SF_6} bedeutet den Druckanstieg in der Reaktionskammer.

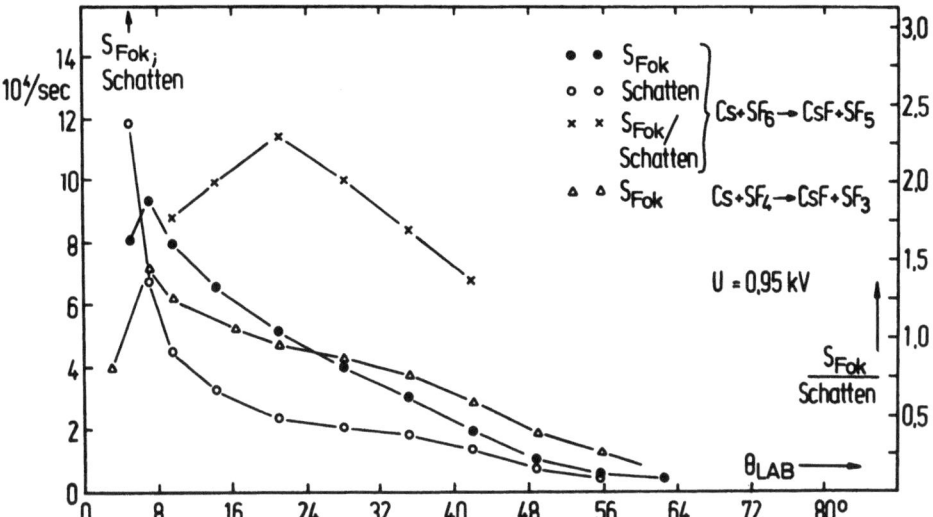

Abb. 7: Abhängigkeit der fokussierten Intensität S_{Fok} = (Signal-Schatten), der Schattenintensität und des Verhältnisses (Signal-Schatten)/Schatten vom Streuwinkel Θ_{LAB}.

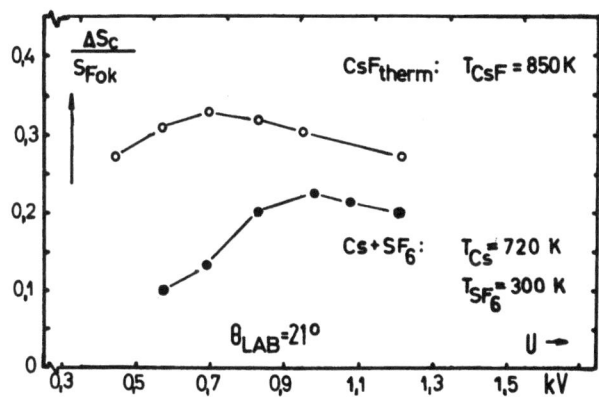

Abb. 8: Abhängigkeit vom ΔS_c von der Fokussierungsspannung für CsF_{therm} und CsF aus der Reaktion $Cs + SF_6$. ΔS_c ist die Differenz zwischen der fokussierten Intensität bei eingeschalteter C-Feld-Gleichspannung und der entsprechenden Intensität bei abgeschaltetem C-Feld.

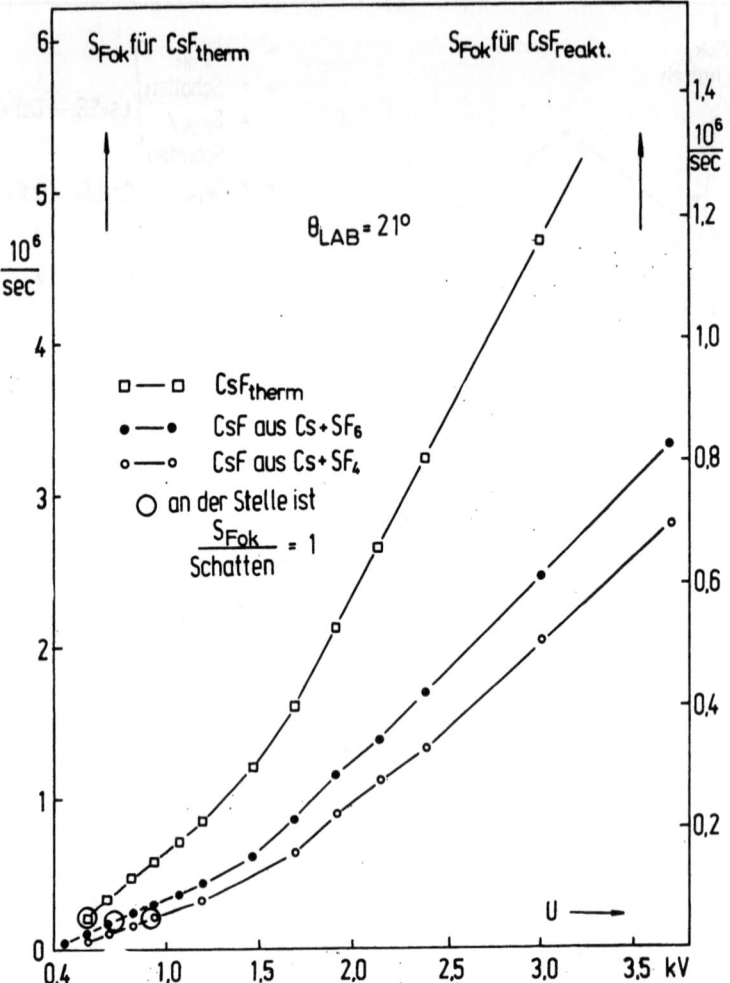

Abb. 9 a: Fokussierungskurven für CsF_{therm} und CsF aus den Reaktionen $Cs + SF_6$ und $Cs + SF_4$ unter $\Theta_{LAB} = 21°$.

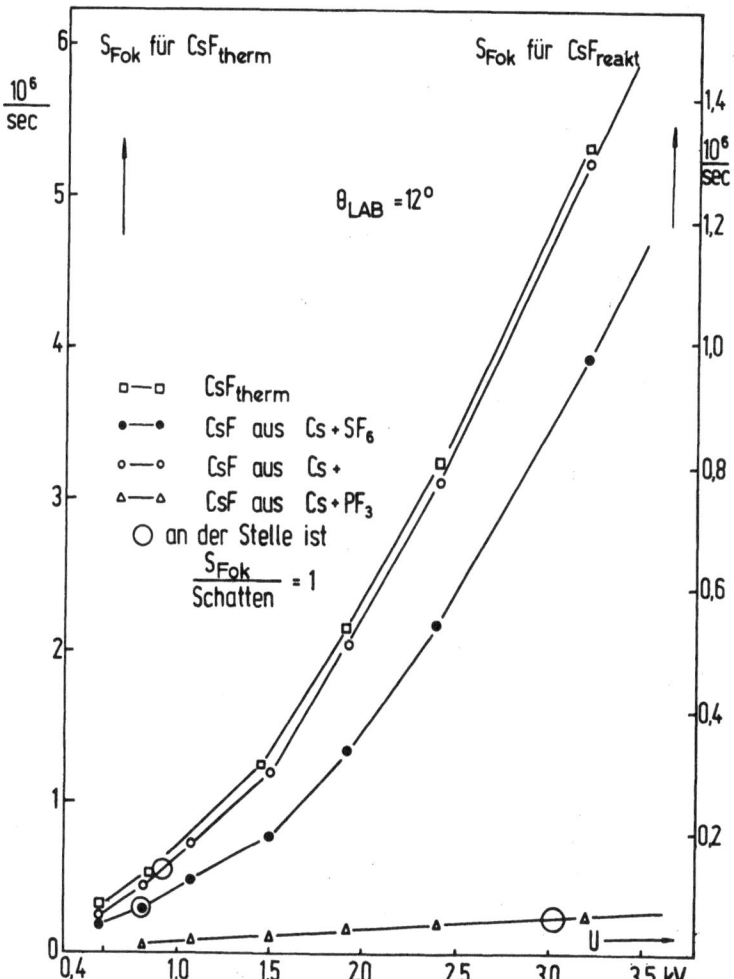

Abb. 9b: Fokussierungskurven für CsF_{therm} und CsF aus den Reaktionen $Cs + SF_6$, $Cs + F_2$ und $Cs + PF_3$ unter $\Theta_{LAB} = 12°$.

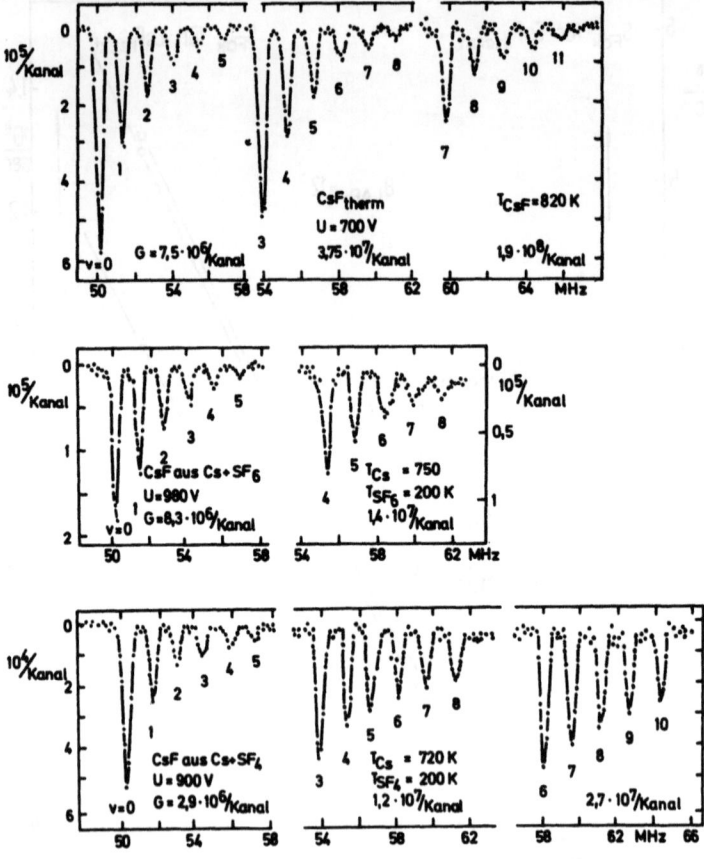

Abb. 10: "Übersichtspektren" für CsF (J = 1) aus den Reaktionen Cs + SF$_6$ und Cs + SF$_4$ bei Θ_{LAB} = 21°. Zum Vergleich das Spektrum für CsF$_{therm}$. G bedeutet Gesamtteilchenzahl; E = 342,86 V/cm.

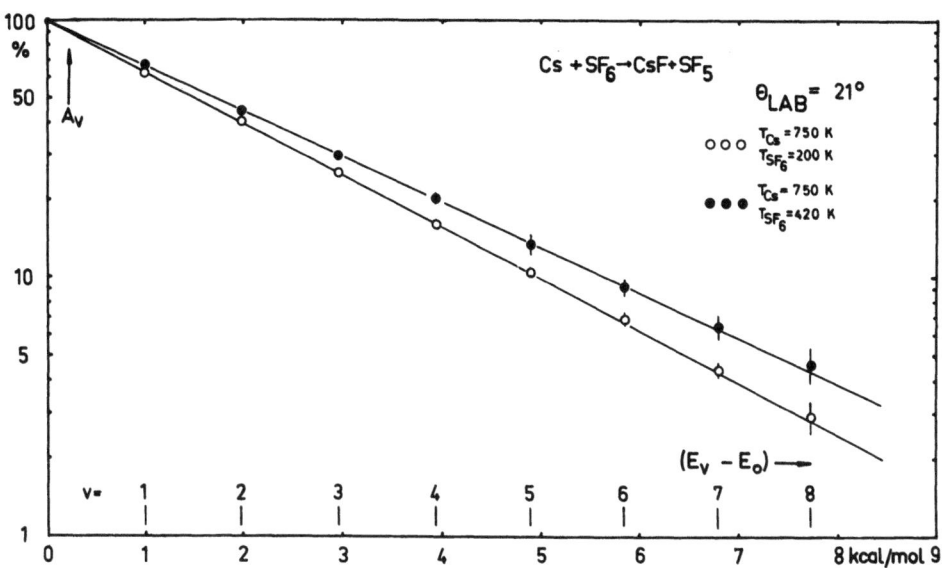

Abb. 11: Verteilung der Schwingungszustände v für CsF (J = 1) aus der Reaktion Cs + SF_6.

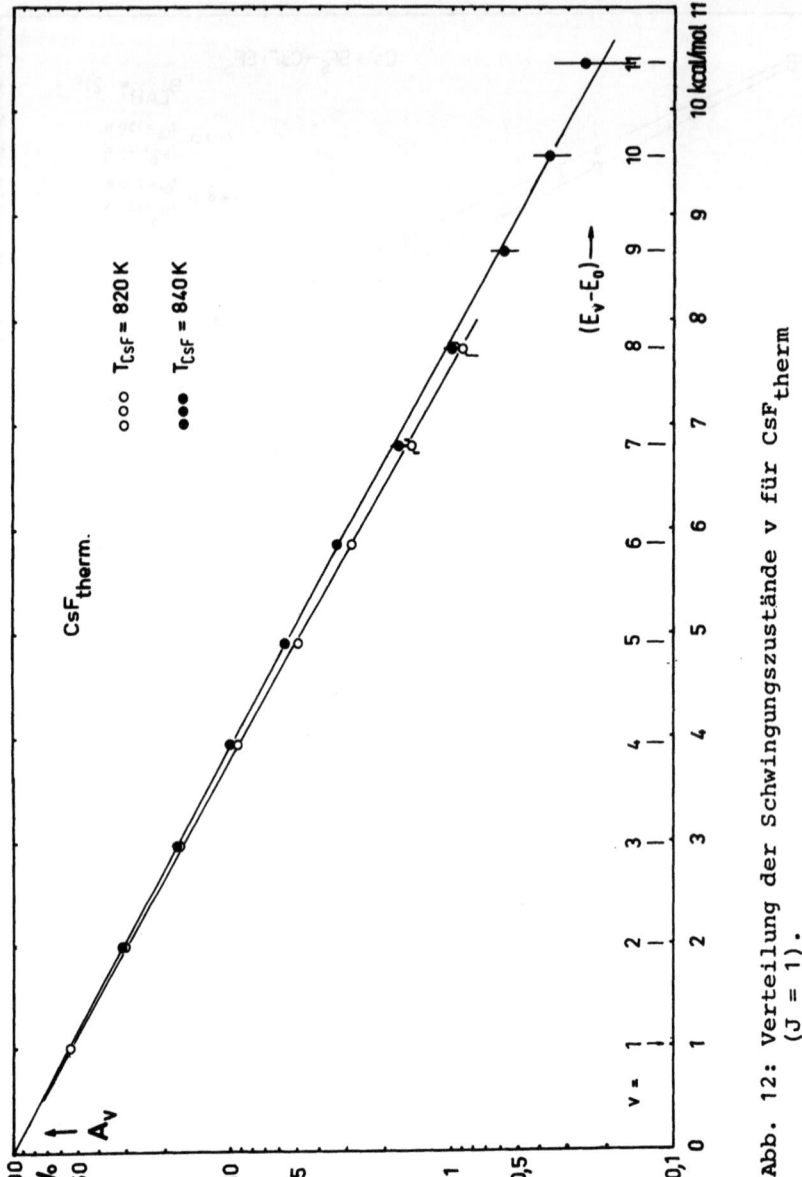

Abb. 12: Verteilung der Schwingungszustände v für CsF$_\text{therm}$ (J = 1).

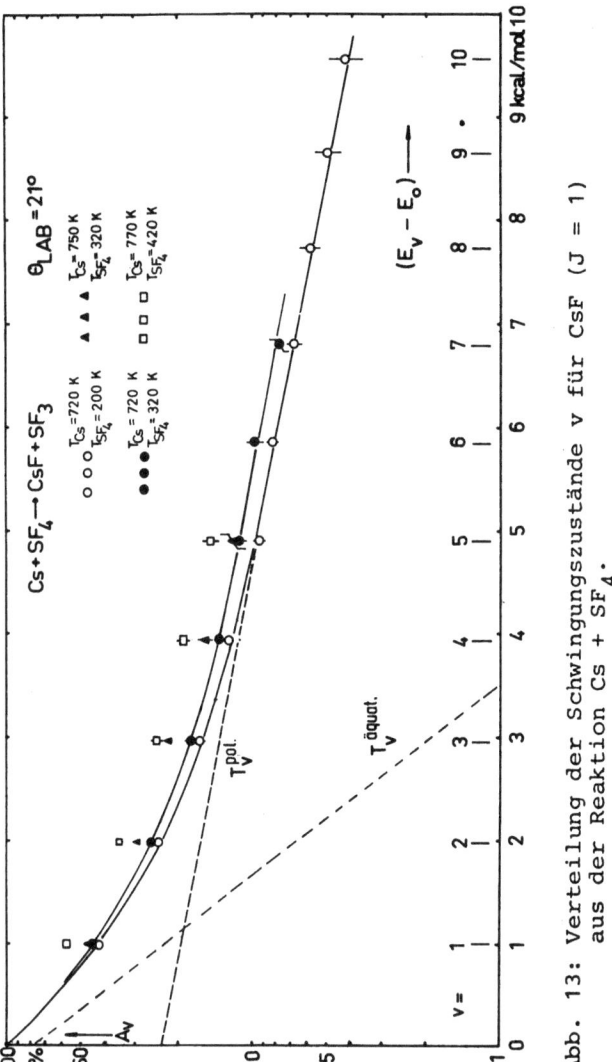

Abb. 13: Verteilung der Schwingungszustände v für CsF (J = 1) aus der Reaktion Cs + SF$_4$.

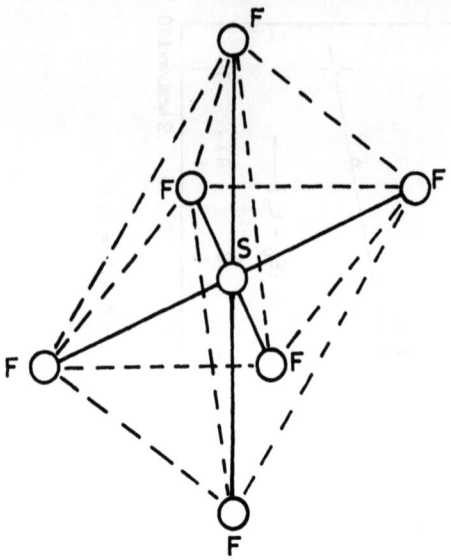

Abb. 14: Molekülstruktur von SF_6.

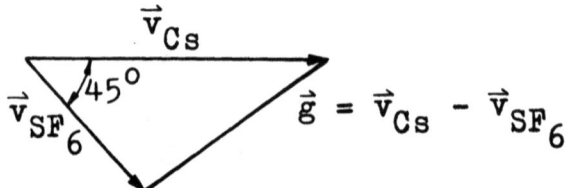

Abb. 15:

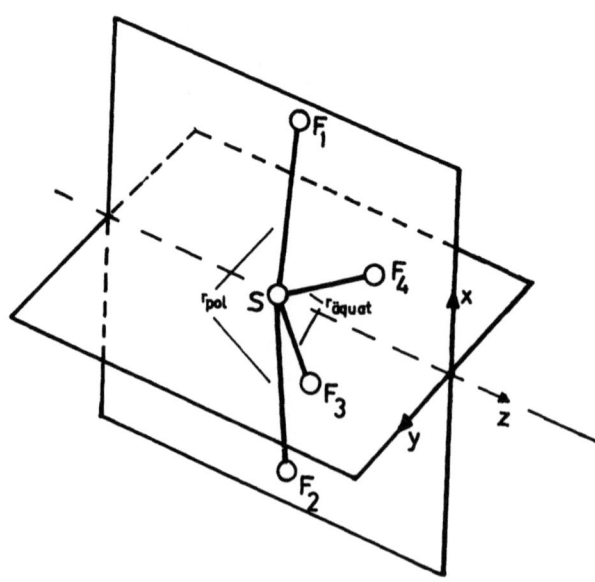

Abb. 16: Molekülstruktur von SF_4.

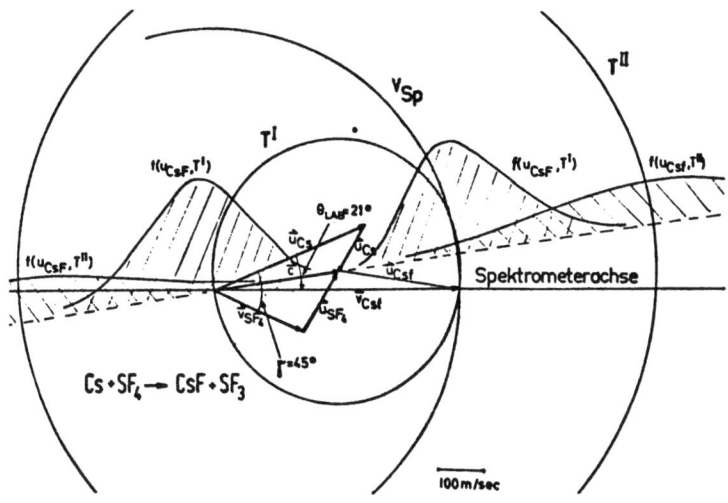

Abb. 17: Kinematik der Reaktion Cs + SF$_4$ → CsF + SF$_3$. Geschwindigkeiten im Schwerpunktsystem sind mit $\hat{u}$, solche im Laborsystem mit $\vec{v}$, die Schwerpunktsgeschwindigkeit ist mit $\vec{c}$ bezeichnet (s. Text).

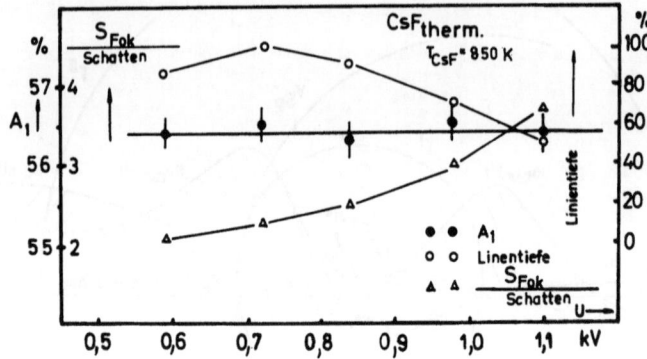

Abb. 18: Abhängigkeit des Verhältnisses A_1, der Linientiefe und des Verhältnisses S_{Fok}/Schatten von der Fokussierungsspannung.

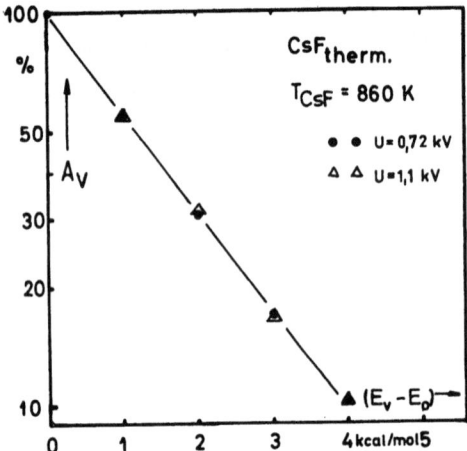

Abb. 19: Abhängigkeit der Verteilung der Schwingungszustände für CsF_{therm} (J = 1) von der Fokussierungsspannung.

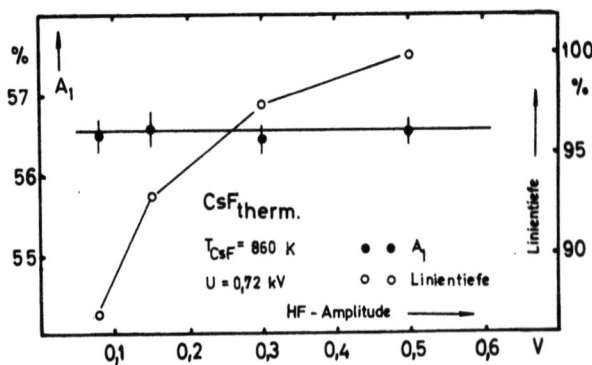

Abb. 20: Abhängigkeit des Verhältnisses A_1 und der Linientiefe von der HF-Amplitude.

Forschungsberichte des Landes Nordrhein-Westfalen

Herausgegeben im Auftrage des Ministerpräsidenten Heinz Kühn
von Staatssekretär Professor Dr. h. c. Dr. E. h. Leo Brandt

Sachgruppenverzeichnis

Acetylen · Schweißtechnik
Acetylene · Welding gracitice
Acétylène · Technique du soudage
Acetileno · Técnica de la soldadura
Ацетилен и техника сварки

Arbeitswissenschaft
Labor science
Science du travail
Trabajo científico
Вопросы трудового процесса

Bau · Steine · Erden
Constructure · Construction material ·
Soil research
Construction · Matériaux de construction ·
Recherche souterraine
La construcción · Materiales de construcción ·
Reconocimiento del suelo
Строительство и строительные материалы

Bergbau
Mining
Exploitation des mines
Minería
Горное дело

Biologie
Biology
Biologie
Biologia
Биология

Chemie
Chemistry
Chimie
Quimica
Химия

Druck · Farbe · Papier · Photographie
Printing · Color · Paper · Photography
Imprimerie · Couleur · Papier · Photographie
Artes gráficas · Color · Papel · Fotografía
Типография · Краски · Бумага · Фотография

Eisenverarbeitende Industrie
Metal working industry
Industrie du fer
Industria del hierro
Металлообрабатывающая промышленность

Elektrotechnik · Optik
Electrotechnology · Optics
Electrotechnique · Optique
Electrotécnica · Optica
Электротехника и оптика

Energiewirtschaft
Power economy
Energie
Energía
Энергетическое хозяйство

Fahrzeugbau · Gasmotoren
Vehicle construction · Engines
Construction de véhicules · Moteurs
Construcción de vehículos · Motores
Производство транспортных средств

Fertigung
Fabrication
Fabrication
Fabricación
Производство

Funktechnik · Astronomie
Radio engineering · Astronomy
Radiotechnique · Astronomie
Radiotécnica · Astronomía
Радиотехника и астрономия

Gaswirtschaft
Gas economy
Gaz
Gas
Газовое хозяйство

Holzbearbeitung
Wood working
Travail du bois
Trabajo de la madera
Деревообработка

Hüttenwesen · Werkstoffkunde
Metallurgy · Materials research
Métallurgie · Matériaux
Metalurgia · Materiales
Металлургия и материаловедение

Kunststoffe
Plastics
Plastiques
Plásticos
Пластмассы

Luftfahrt · Flugwissenschaft
Aeronautics · Aviation
Aéronautique · Aviation
Aeronáutica · Aviación
Авиация

Luftreinhaltung
Air-cleaning
Purification de l'air
Purificación del aire
Очищение воздуха

Maschinenbau
Machinery
Construction mécanique
Construcción de máquinas
Машиностроительство

Mathematik
Mathematics
Mathématiques
Matemáticas
Математика

Medizin · Pharmakologie
Medicine · Pharmacology
Médecine · Pharmacologie
Medicina · Farmacología
Медицина и фармакология

NE-Metalle
Non-ferrous metal
Metal non ferreux
Metal no ferroso
Цветные металлы

Physik
Physics
Physique
Física
Физика

Rationalisierung
Rationalizing
Rationalisation
Racionalización
Рационализация

Schall · Ultraschall
Sound · Ultrasonics
Son · Ultra-son
Sonido · Ultrasónico
Звук и ультразвук

Schiffahrt
Navigation
Navigation
Navegación
Судоходство

Textilforschung
Textile research
Textiles
Textil
Вопросы текстильной промышленности

Turbinen
Turbines
Turbines
Turbinas
Турбины

Verkehr
Traffic
Trafic
Tráfico
Транспорт

Wirtschaftswissenschaften
Political economy
Economie politique
Ciencias económicas
Экономические науки

Einzelverzeichnis der Sachgruppen bitte anfordern

Westdeutscher Verlag · Opladen
567 Opladen/Rhld., Ophovener Straße 1-3, Postfach 1620

MIX
Papier aus verantwortungsvollen Quellen
Paper from responsible sources
FSC® C105338

If you have any concerns about our products,
you can contact us on
ProductSafety@springernature.com

In case Publisher is established outside the EU,
the EU authorized representative is:
**Springer Nature Customer Service Center GmbH
Europaplatz 3, 69115 Heidelberg, Germany**

Printed by Libri Plureos GmbH
in Hamburg, Germany